HISTOIRE

DE LA

FORÊT DE BELLÊME

PAR

LE Dr JOUSSET

MAMERS

TYPOGRAPHIE DE G. FLEURY ET A. DANGIN

1884

HISTOIRE

DE LA

FORÊT DE BELLÊME

HISTOIRE

DE LA

FORÊT DE BELLÊME

PAR

LE Dr JOUSSET

MAMERS

TYPOGRAPHIE DE G. FLEURY ET A. DANGIN

1884

HISTOIRE

DE LA

FORÊT DE BELLÊME

Celui de nous, bourgeois du Perche, auquel prend le désir de voyager pour prendre le grand air, ou pour pur agrément, ou raison plus sérieuse d'instruction ; qui, pour l'un de ces motifs et d'autres, sans entreprendre le tour du monde, se risque à parcourir, je suppose, la région jurassique, de notre France, ensuite franchir l'espace intermédiaire entre Marseille et Toulon ; qui regagne son gîte en traversant les plaines de Châlons et de la Beauce afin de retrouver son cher Perche, celui-ci, dis-je, sans faire grand effort d'esprit, remarque des différences grandes entre ces quatre pays. Dans le Jura, montagnes hautes, parfois couvertes de neige au mois d'août ; vallées profondes, herbues, fertiles ; entre Marseille et Toulon, campagnes sèches, rocheuses, Pélion sur Ossa ;

Dans les plaines de Châlons, de la Beauce, sol uni ; de vastes étendues, où sont rendues possibles les rendez-vous d'armées, armées nombreuses, à la fin de se perfectionner dans la science des tueries humaines qu'on admire si sottement ; inscrites qu'elles sont à grand fracas dans l'histoire, pour le désennui des badauds, espèce qui ne manque jamais.

Le voyageur rassasié d'émotions, rentré dans son Perche dont il s'est éloigné un mois seulement, est fort étonné de lui trouver une beauté inobservée auparavant, de le trouver pittoresque au premier chef ; il est captivé par ses inégalités, ses variétés d'aspect. Se reposant sur un lieu élevé, la Croix feue Reine par exemple ; ou la Pierre-Procureuse de la Tour du Sablon ; se délassant au pied de la pyramide séparant les départements de la Sarthe et de l'Orne ; s'asseyant à la porte de l'église de la Perrière il est en présence de l'immensité. Immensité non monotone, mais accidentée par des jeux sans fin de paysages ; animée par le travail fécondant de l'homme ; rendue riche par l'abondance des céréales, la multitude d'animaux utiles à l'agriculture. Dans son admiration absorbante le Percheron, si peu expansif de sa nature, si peu poëte ne pourra se contenir et malgré lui, s'exclamera, que c'est beau ! oui, que c'est beau !

Ce qui le frappe le plus, quand il a joui du spectacle des élévations montagneuses du Jura, des inégalités rocheuses du Var, c'est l'opposition des inégalités douces, moutonnées, gracieuses du Perche ; la grâce en effet ne le quitte pas ; on monte, on descend ; l'horison se déploie ou se retire, c'est un changement indéfini ; mais en changeant de forme, la grâce reste présente.

Tout en admirant, le voyageur réfléchit et son admiration ne reste pas stérile. Il se demande pourquoi donc ces énormes différences dans la nature ; pourquoi les montagnes du Jura ne sont-elles pas celles du Var ; pourquoi le Var n'est-il pas la Beauce ; pourquoi la Beauce si plate quand le Perche qui la touche est si varié dans ses aspects ; pourquoi la fécondité ici, la stérilité plus loin ? Questions embarrassantes à résoudre, restées insolubles pendant des siècles, auxquelles la science actuelle répond pertinemment ; en notre temps on a cherché avec obstination, on n'a pas craint la peine ; on a trouvé, on est en marche pour trouver encore sans que l'on puisse dire quel but ne sera pas atteint. C'est la gloire incontestée de notre temps, chercher et trouver.

Lorsque le monde fut créé à une époque qui ne peut être mesurée tant elle est lointaine, il était composé d'éléments gazeux, comme le sont encore quantité de planètes qui sont toujours l'ornement des cieux. Cet état gazeux était favorable aux combinaisons chimiques aux formes infinies ; elles ne tardèrent pas à s'effectuer. Cependant le calorique se dispersa dans l'espace par le rayonnement ; le monde perdit insensiblement l'état gazeux ; puis la même action continuant, de l'état gazeux le monde passa à l'état solide et resta sous la forme qui se maintient présentement ; en attendant que des influences puissantes viennent changer l'état que nous constatons maintenant ; probabilité qu'il faut admettre. Dans l'univers quoi donc reste à l'état de fixité ? Le grand soleil lui-même n'est déjà plus ce qu'il était il y a des millions d'années ; et notre planète n'est qu'un bien petit soleil !

Quand la condensation du globe que nous occupons s'opéra, cette condensation ne se fit pas d'une manière régulière, mathématique ; qu'on en juge en regardant les scories abandonnées dans nos forêts, autour des usines des fonderies métalliques ; ces scories sont lisses, ou ondulées, ou parsemées d'aspérités ; de même il arriva lors du refroidissement qui constitua l'univers. Et lors de ce refroidissement, lors de cette condensation qui dura des siècles, que d'arrêts, que de reprises, que de soulèvements brusques pour causes infinies ; ces inégalités sidérales sont de nos jours saisies, jugées par les astronomes ; la terre que nous occupons n'échappe pas à la loi générale.

Quand on a remarqué l'aspect moutonné de la portion de terre qu'on appelle le Perche, qu'on s'est rendu compte de son refroidissement, relativement assez lent, on se demande aussi pourquoi la nature de son sol est aussi variée ; chacun le sait, ce qui constitue le sol est le plus ordinairement le calcaire, la silice, l'argile, sans compter les autres éléments plus ou moins métalloïdes, tantôt simples, très ordinairement combinés en proportions indéterminées. Dans nos laboratoires de chimie nous opérons ces multiples combinaisons, sur une échelle restreinte. Dans le vaste laboratoire de la nature il n'y a pas eu de limites à ces combinaisons qui s'étalent sous nos yeux ; suivant que le refroidissement s'est opéré ici, ou là, ici a été déposée la matière calcaire, ailleurs l'argile, le silex. Nous ne citons que les trois substances qui sont le plus répandues à la surface du sol que nous foulons ; et nous ne tenons pas compte dans ces brèves lignes des incidents innombrables de la création dont les physiciens de profession suivent les phases d'un œil curieux.

A voir la carte géographique on dirait que le globe s'est partagé en deux parties. A la suite de l'une de ses plus violentes convulsions, en effet, un immense hiatus s'est produit et dans ce gouffre quasi insondable s'est précipitée la plus grande partie des liquides de la création. La terre s'étant durcie inégalement, une partie du liquide a envahi la surface terrestre, y a séjourné, d'où l'explication des débris marins que nos travailleurs rencontrent disséminés en si grand nombre et qui sont l'objet d'études spéciales.

Enfin la terre est formée, cette fois solidement établie ; quoi donc s'agite à sa surface ; la vie y a été déposée en quantité. Cette vie abondante n'existe pas seulement à la surface immédiate, elle est au-dessus, dans l'air ; elle est au-dessous dans les régions les plus profondes ; partout revêtant mille formes merveilleuses ; d'une puissance prodigieuse ; sans ralentissement, ni relâche. La vie revêt la forme végétale d'abord, la forme animale plus tard ; laissons la part bonne à la première ; il faut ici savoir se borner.

En nous bornant à la création végétale, comment a été créé le premier être végétal, le premier brin d'herbe si

intéressant à étudier, se nourrissant, respirant, se déve-
loppant, se reproduisant, accomplissant des actes qu'on
retrouve chez l'animal le plus compliqué ; comment la première cellule s'est constituée créant à son tour des milliards
d'autres cellules ; comment le premier atòme de carbone de
l'air s'est condensé prenant une forme saisissable ? En vertu
d'une force divine répandue dans l'univers entier, obéissant
à des règles mathématiques que les savants appellent
attraction, cristallisation ; que les incivilisés qui observent
et jugent nomment le Grand-Esprit ; que Moïse, historien
d'une création, traduit par le mot Jehovah ; que les Grecs
disent Θεός, les Latins Deus, nous Dieu.

Le règne végétal dans la nature est infini ; les végétaux
depuis le champignon jusqu'au chêne ne se comptent
pas. La cellule carbone soumise à la loi d'attraction s'est
façonnée herbe, arbre ; sauf l'ampleur il n'y a aucune
différence entre l'un et l'autre ; l'herbe des champs vit
un jour dévorée par les animaux, le chêne vit des siècles,
se condensant, se fortifiant, dépassant en longévité plusieurs vies d'hommes ; il est toujours le brin d'herbe géant.

Depuis que la province du Perche est connue elle a été
décrite couverte de bois. A l'origine, sa végétation a dû être
faible, elle s'est fortifiée ; est devenue arborescente grâce à
une qualité du sol qui subsiste encore ; le chêne puissant,
géant, a été l'arbre favorisé. En sa qualité d'être le plus
élevé, le plus touffu, le plus vivant, le plus utile, il a été
le plus prisé, le plus admiré ; cette admiration s'est conver-
tie en culte. Ce culte a eu ses fêtes, ses prêtres. Aujourd'hui
encore son feuillage couronne les guerriers, les lauréats des
concours ; ornemente les monnaies.

Avec le temps et en proportion des besoins des popula-
tions, les forêts qui couvraient le sol percheron sont beaucoup diminuées. Aujourd'hui que l'état forestier s'est
beaucoup raréfié on constate cependant que les bois ont
couvert le Perche. En combien de lieux ne retrouve-t-on

pas des bosquets, débris de l'antique forêt; combien de noms de lieux attestent la présence des forêts : Saint-Jean-la-Forêt, Saint-Pierre-la-Bruyère, l'Hêtre-Forêt, village de la Forêt.

Si beaucoup de nos forêts ont disparu devant le socle de la charrue pour être livrées à l'agriculture et satisfaire aux besoins humains il nous reste des portions qui se recommandent, la forêt du Perche, la forêt de Réno, celle de la Trappe, celle de Perseigne, enfin par excellence la forêt de Bellême. Cette dernière appartient au département de l'Orne, arrondissement de Mortagne, cantons de Bellême et de Pervenchères. Elle a sa direction de l'Est à l'Ouest. En une certaine partie on la traverse en moins d'une heure ; si au contraire on la parcourt dans le sens opposé, il faut deux heures de marche pour atteindre les deux extrémités, celle de Saint-Ouen-de-la-Court et celle de la Perrière. La partie Est a peu de profondeur, celle Ouest en a beaucoup. Son sol est inégal comme est inégal tout le territoire percheron, ici la vallée profonde, là la hauteur ; ici la forêt sèche, là le marais humide qui ne sèche pas même en été.

Il ne faut pas demander si la forêt a ses eaux. La plus légère observation apprend que toute forêt attire les eaux de l'atmosphère ; les nuages, qui a pu ne les pas voir, pendant les neuf mois de saison propre à la province, se diriger vers la forêt, s'y arrêter en vertu d'une propulsion physique. Pendant les mois les plus pluvieux dont nous gratifie le vent océanique de l'Ouest, qui n'a vu et admiré les masses aqueuses, immenses, rasant le sol, atteindre la forêt, s'y engouffrer, s'y perdre pour faire place à d'autres masses qui aussi rapidement s'y précipitent et disparaissent. Alors, il est peu plaisant de parcourir la forêt à travers bois. L'eau sourd sous les pieds en même temps qu'un déluge d'eau inonde la tête ; les mille ruisseaux improvisés barrent le passage. Il faut être jeune, avoir l'esprit quelque peu romantique pour saisir le charme d'un pareil état. Et pourtant qui, par état, a été exposé bien des fois à ces rencontres en conserve un souvenir point disgracieux ; surtout si, au déluge. s'est ajouté l'orage retentissant dans l'écho en bondissements formidables dont l'homme de plaine ne soupçonne pas la puissance. L'impression de ce spectacle est profonde ; on en garde le souvenir. Le danger de pareils spectacles est minime ; les hauts arbres font office de paratonnerre pour l'écoulement de l'électricité. La science physique apprend aussi que l'air très humide est mauvais conducteur du fluide électrique. Je n'ai pas connaissance que, depuis cinquante ans, aucune maison de garde, de sabotier ait été frappée par la foudre. Par contre il n'est pas rare de rencontrer de hauts et beaux chênes atteints par le fluide ; la trace se manifeste par une ligne noire de la largeur de la main qui profile le long de l'arbre ; le fluide s'est ensuite perdu dans le sol. Si l'être vivant, touché même légèrement par la foudre, meurt à l'instant ; le chêne malgré sa résistance, sa vitalité beaucoup moindre, meurt à l'égal de l'homme ou de l'animal quoique moins vite.

Les habitations forestières, les loges d'ouvriers sont plus épargnées que les habitations de la campagne ; les arbres ont soutiré la foudre et protègent l'entourage.

Dans les pays autres que le Perche les orages sont plus fréquents, par contre ils sont courts et le ciel reprend sa sérénité peu après ; il en est autrement dans la contrée qu[i] nous occupe. Quelle est la part de la forêt, du terrain sur le phénomène ? Chaque orage amène généralement une perturbation marquée, même aux plus beaux jours de la saison ; à une chaleur lourde, d'une nature très spéciale, où languissent les forces du corps, l'aptitude intellectuelle, succède au plus vite un froid qui donne le frisson ; l'abaissement du thermomètre est de plusieurs degrés, et, désaccord entre le thermomètre et l'impression frigorifique, cette dernière est sensiblement plus marquée que l'instrument indicateur. Autre disgrâce le temps laid, pluvieux et froid dure une semaine ou plus ; en un mot le temps est dérangé pour longtemps, suivant la locution vulgaire. Inutile de rappeler que dans le Perche comme ailleurs, si l'homme est profondément troublé par l'accumulation d'électricité épanchée dans l'air, si l'homme de lettres est là devant son bureau, inerte, sans mémoire, cherchant vainement ses idées, tout dans la nature subit un égal affaissement ; le cheval perd son énergie, les bêtes à cornes peu sensibles de leur nature courent affolées à travers champs comme frappées d'une terreur secrète ; les végétaux auxquels on refuse communément, — à tort certainement, — la faculté de sentir, participent à la torpeur générale ; les feuilles sont dolentes, perdent leur gracieux aspect ; évidemment elles souffrent, elles sont malades jusqu'à la fin du trouble orageux. La forêt aussi attend son sort ; elle est plus silencieuse ; les feuilles sont plus immobiles ; elles semblent dire à l'ouvrier plus haletant, comme vous, moi aussi je pâtis. Et quand enfin après avoir attendu plus ou moins longtemps, après qu'ont disparu, pluie, vent, froid, la forêt se ragaillardit, mais son sol est imbibé comme une éponge ; cette atmosphère saturée d'eau affecte la peau désagréablement, l'expose aux rhumatismes ; aussi cette maladie est-elle commune ; elle est l'infirmité endémique de la population, se transmettant ensuite de générations en générations, imprimant son cachet aux maladies intercurrentes.

Que devient cette masse d'eau qui pendant de longs mois s'abîme sur la forêt ? On le prévoit : L'arbre est un être vivant, respirant, digérant à la manière de l'homme avec des organes différents et des procédés analogues, pendant la saison chaude ; sous l'influence de la lumière solaire dont les anciens, patients observateurs, avaient fait une divinité, l'arbre est dans sa plus grande activité de vie ; il aspire par ses radicules nombreuses, il respire par ses feuilles innombrables. Pour suffire à sa nourriture, il absorbe une grande partie de cette eau, la digère, s'en nourrit, s'en accroît ; la science suit exactement, sans se tromper, la série des phénomènes de cette vie végétative.

Pendant la saison de l'hiver, où l'arbre est privé de la chaleur nécessaire à sa vie, de la lumière solaire non moins nécessaire au jeu de ses diverses fonctions, cet être robuste s'endort à la manière de tant d'êtres appartenant au règne animal ; il se repose pour se réveiller à son heure, lorsque un nouveau printemps redonnera le ressort à ses poumons et lui fera parcourir une nouvelle période de puissante vie ; il répète sa rotation comme tant d'êtres qui s'agitent à la surface du globe, comme tant d'autres qui traversent l'atmosphère, ou qui grouillent dans les profondeurs qu'abrite l'écorce terrestre ; en un mot il accomplit ce rôle qui lui a été imposé par le Grand Organisateur depuis l'origine du monde, rôle qui ne cessera qu'après la fin de tout ce qui vit actuellement.

La masse d'eau que nous distribue si largement la saison dite mauvaise, a son utilité ; elle sert en grande partie à entretenir la végétation qui s'épanouira au printemps ; mais que deviendra ce qui ne trouve pas son emploi ? L'eau entraînée par son poids, qui n'est pas moins d'un kilogramme par litre, fuit par deux directions principales qui lui sont communiquées par l'état géologique de la forêt. En effet, de l'Est à l'Ouest, la forêt, malgré ses irrégularités, est dominée par une crête principale. Sur les deux versants de cette crête, les eaux s'écoulent en multiples ruisseaux qui se réunissent à une artère principale dite Magny, versant Nord. Ce nom de Magny serait-il la traduction de Magnus ? Les eaux Nord de Magny courent se marier avec la rivière de l'Huisne dont l'origine excessivement humble a son départ, dans une sorte de marais situé au lieu de la Chamotière, commune de Bellavilliers — Belleville — la décadence est absolue. Sur le versant opposé, côté du Sud, les multiples ruisseaux aboutissent à un ruisseau principal désigné sous le nom de Mesmes, Maximus comme disent les vieux livres et les vieilles cartes. Eaux du Nord, eaux du Sud arrivent à la Ferté-Bernard, perdent leur nom de Magnus et de Maximus, se marient définitivement à l'Huisne; laquelle Huisne s'unit au Mans à la rivière de la Sarthe, pour être emportée dans la Loire, puis dans l'Océan, l'immense réservoir de l'univers; où les eaux cependant ne stationnent pas pour l'éternité, car le soleil sait les reprendre, les transférer dans les régions éthérées, d'où, à un certain moment, le voyage aérien accompli, elles nous serons déversées une nouvelle fois avec une prodigalité souvent gênante.

Qu'on ne demande pas si dans les temps reculés la forêt eut ses habitants; ils ne manquaient pas. Buffles, sangliers, loups foisonnaient; ils avaient l'espace et la sécurité. Aujourd'hui les fauves ont perdu espace et sécurité; circonscrits dans d'étroites limites ils ne prolifient plus. Le buffle a disparu; les sangliers accourent dans la saison du gland; ils savent tracer avec le groin de longs et étroits sillons pour la recherche des jeunes racines dont ils font leur nourriture; on dirait une trace de charrue. Quant à la recherche des glands tombés des chênes au début de la saison d'hiver, on sait combien toute la race porcine est friande de cette succulente nourriture dont nos cuisiniers habiles savent préparer des gâteaux délicieux. Ces animaux sont peu dangereux quand on ne les provoque pas; ils sont plus disposés à la fuite qu'à l'attaque. Ils sont la terreur des voisins forestiers dont ils gaspillent les récoltes, blés, pommes de terre surtout, qu'ils savent découvrir à n'importe quelle profondeur. Une récolte entière peut disparaître au grand préjudice des fermiers.

Le loup ennemi redoutable, hôte constant des forêts où il trouve gite et nourriture, subsiste toujours malgré des chasses organisées dont il se rit. Le loup ne se contente pas de glands, de racines tendres; doué de grande force et d'audace et de non moins grand appétit il se rue sur les moutons, les veaux, attaque les jeunes chevaux, étrangle les chiens de garde ; et, rassasié, attaque encore ; par nature il se complaît dans le carnage. Signalé, la contrée est saisie d'effroi ; on se dit au loin la présence du terrible ennemi ; on s'arme comme en temps de guerre ; on n'est rassuré que par la disparition du fauve qui a laissé sa trace sanglante.

Dois-je dire les autres ennemis que cache la forêt, blaireau, fouine, putois, lérot, renard enfin, si redouté, si habile, si hardi et dont il est si difficile d'éviter les attaques. Les basses-cours sont mises au pillage par ces animaux malfaisants qui imposent des sacrifices réels aux cultivateurs.

La chasse est un exercice agréable et salutaire, elle développe les facultés de l'homme. Le bon chasseur doit avoir bon pied et bon œil ; son oreille est attentive, elle doit distinguer le moindre déplacement de feuille ; la main est ferme, l'œil d'une finesse précise ; le doigt prompt comme l'éclair. Le gouvernement qui doit faire argent de toutes choses loue à un prix élevé le droit de chasse dans ses forêts ; le locataire est intéressé à faire chasse fructueuse ; et, quand, après quatre ou cinq mois de la poursuite au gibier, la chasse est clôturée il reste encore assez de bêtes puantes — je me sers du mot de vénerie — il reste encore assez de maudites bêtes pour faire enrager le cultivateur.

Les locataires des chasses de leurs côtés murmurent, et non sans raison, de la déloyale concurrence des braconniers ; race pillarde, maraudeuse, ennemie redoutable ; car elle ne recule pas, au besoin, devant l'assassinat.

En fait d'animaux malfaisants, par bonheur, les ophidiens dangereux sont rares. Un certain jour, le conseil d'hygiène de l'arrondissement de Mortagne consulté, par invitation ministérielle, sur l'abondance des reptiles, le danger qu'ils font courir, ne sut que répondre ; chacun des assistants déclara l'absence de ces animaux et ne pas connaître un seul cas d'attaque et de morsure de reptiles. La couleuvre seule n'est pas rare et assez inoffensive ; elle fuit devant l'enfant qui la pourchasse avec une baguette. Cette bête qui inspire une vive répulsion rend le service de nous débarrasser des crapauds et autres vermines pareilles qui foisonnent en certaines régions de la forêt. Comme on sait, le crapaud si immonde à la vue, rend des services dans les jardins potagers en se nourrissant des limaces dévorantes qui pullulent si abondamment et qu'on ne sait comment détruire.

La forêt qui nous occupe, vaste jadis, restreinte aujourd'hui, a une origine qui se perd dans la nuit des temps. Elle exista des siècles avant l'apparition de l'homme. Quand, depuis longtemps parvenue à son entier développement, elle tenta la convoitise de l'homme celui-ci dut se livrer à une attaque furieuse contre les premiers occupants mal disposés à quitter leurs gites où ils vivaient de temps immémorial. Entre fauves et hommes une guerre d'extermination s'établit. Le fauve était plus puissant, l'homme plus intelligent, plus habile ; comme il arrive toujours le succès resta au plus habile, au plus intelligent. La force a son mérite, qui l'ignore ; la force seule ne triomphe pas. Tant qu'il existera un monde, l'homme sera maître, moins par la force que par l'esprit, cette puissance par laquelle il soumettra à sa loi les êtres les plus redoutables ; par laquelle il s'imposera aux éléments qui en apparence commandent à la nature et seront réduits au rôle d'auxiliaires. L'intelligence est une force incommensurable qu'attestent les ingénieurs de notre temps ; et par elle quels miracles n'enfantent-ils pas !

La forêt, sous son abri feuillu vit une population arriver de plusieurs côtés du globe. Comment s'organisa la masse humaine pour se constituer nation ? Dans toute société, l'idée de discipline, de règlementation surgit nécessairement. Le premier dirigeant fut le chef de la famille le plus ancien ;

on peut suivre dans le Perche les premiers rudiments de société et la forêt fut la première mairie, le premier hôtel de ville. Sans doute, comme toujours la force prima le droit, mais le droit s'établit enfin. Les premiers législateurs pour se créer une autorité, un appui, parlèrent au nom de Dieu ; la forêt fut le temple, un arbre renversé par la tempête la première tribune ; les vieillards, portant une branche de chêne comme insigne de la dignité, réglaient les choses de la guerre, de la paix, ces choses si éminemment graves chez tous les peuples. Sous la voûte forestière, fut discuté le premier code ; code civil à la fin de régler le tien et le mien; code pénal pour agir contre qui violerait la loi convenue. Inutile de dire si le premier code pénal fut dénué de miséricorde ; le sang, la mort furent règle commune chez ces hommes des bois aux mœurs dures, féroces à l'égal des animaux dont ils partageaient le domicile forestier.

Les peuples naissants ont leurs chefs à la guerre ; l'homme le plus fort de la bande, le plus audacieux est roi ; il est grand propriétaire. La propriété obtenue par la force, c'est une province, souvent plus qu'une province, un état. Les premières forêts du Perche valaient une province. La forêt de Bellême nous occupe spécialement parceque, malgré sa réduction, elle est encore la plus importante de la région. De par la loi du plus fort, après avoir été propriété romaine, après avoir fait partie de la grande fédération des Aulerci, elle devint la proie des premiers aventuriers décorés du nom de rois et faisant partie de la race dite mérovingienne. Son histoire est celle de ces rois bandits dont le soin principal fut de se pourchasser, de s'égorger. La possession de la forêt de Bellême suivit le sort des rois mérovingiens ; on connaîtra la série des propriétaires en suivant l'histoire dramatique des rois de la première race. On sait que les rois d'Angleterre, ducs de Normandie, pesèrent horriblement sur notre province; ce qui n'excluait pas les guerres personnelles de seigneurs à seigneurs, de comtes à comtes.

2

Un instant les seigneurs qu'on a dénommés à tort comtes de Bellême, joueront un rôle prépondérant qui tourna à mal en laissant dans l'histoire une longue trace de sang. De mains en mains, la forêt suivant le sort de la province, tomba dans le domaine royal. Au temps de saint Louis il n'est plus question de la forêt, ni de la province autrement que comme dépendance de la couronne. Acquise à la royauté, non par droit de guerre, mais par combinaison politique, nous pouvons encore suivre ce nouvel état depuis le dernier des Rotrou qui fut le dernier chef de race percheronne jusqu'à nos jours. Des étrangers furent les nouveaux maîtres ; les uns bons, les autres de qualités variables ; l'histoire générale dira les mérites divers de ces autres gouvernants.

Le croira-t-on ? Le gouvernement d'une forêt, même de médiocre étendue, est un vrai gouvernement qui a ses chefs, ses sous-chefs, ses soldats. Il faut de la science et de la bonne, pour diriger une forêt représentant toujours un chiffre élevé d'argent ; celle que nous visons en ce moment atteint une valeur de plusieurs millions. Nul dans son personnel petits comme grands qui n'ait son mérite ; un simple garde vous étonnera par la clarté de sa conversation, l'étendue de ses connaissances, quant aux choses de son métier. Disons aussi que les simples gardes sont des fonctionnaires de l'Etat, hommes triés, choisis parmi les sous-officiers de l'armée, ayant fait preuve d'une certaine instruction, sachant rédiger un procès-verbal, ayant été astreints des années entières à la discipline militaire, fort stricte comme personne n'en ignore. La réception d'un simple garde ne manque pas d'une certaine solennité ; elle se fait en séance devant le tribunal. Après lecture des pièces officielles communiquées par l'administration le solliciteur est interpellé de prêter serment comme quoi il s'engage à être fidèle serviteur de l'Etat ; il exécutera avec zèle les règlements établis pour la surveillance, la protection forestière.

Rien de plus modeste que la position d'un simple garde ; elle est cependant recherchée ; c'est que l'administration qui est paternelle n'impose' pas à son fidèle un travail corporel excessif, mais de la surveillance exacte, le zèle d'un bon serviteur ; en échange de quoi le garde est logé très décemment dans une petite maison composée de deux pièces au moins, avec jardin étendu, un champ de quelques arpents ; avec licence de pacage pour deux ou trois vaches dans la forêt. La position de garde est honorable ; ce petit fonctionnaire, s'il n'est pas maladroit, il est rare qu'il le soit, est en état de faire un mariage qui le rend heureux, en même temps qu'il fait une femme heureuse.

Remontons la hiérarchie ; directeurs, inspecteurs, gardes généraux sont des hommes de haute valeur ; on n'entre dans le cénacle qu'après de longues études, des examens formidables, un stage de deux ans au moins dans une école spéciale où professent des hommes éminents dans les sciences mathématiques et physiques. On ne saurait trop approuver les exigences de l'école, car les jeunes hommes, vainqueurs aux examens, vont être revêtus d'une grave responsabilité. Malgré la difficulté des études, l'énormité des connaissances exigées, la lenteur de la progression dans les grades, la modération des traitements, les aspirants pour l'admission à l'école spéciale de l'Etat sont nombreux. A vingt ans, le courage est bon, on ne s'effraie pas trop du travail ardu , de l'étendue des sciences exigées. Il est vrai que ces sciences ont un charme indicible ; une vie nouvelle est ouverte pour le jeune homme ; il lui semble qu'il naît pour la première fois ; en effet, ouvrir les yeux à la science, c'est entrer dans le monde réel. Le plus beau jour de la vie est celui où un jury bienveillant tend la main au récipiendaire en prononçant le fameux : *Dignus es intrare in nostro docto corpore.* Aussi ce n'est pas sans peine, sans travail ; mais une fois dans les honneurs, l'officier porte son bâton de maréchal dans sa giberne.

C'est sur ces hommes d'élite que repose le régime forestier ; à eux la surveillance sur le nombreux personnel et sur le matériel ; à eux les aménagements, à eux la direction des plantations et des perfectionnements, à eux la gestion d'un immeuble dont la valeur correspond à plusieurs millions., richesse qui contribue pour sa part à l'entretien d'un budget formidable devant lequel , malgré toute l'habileté humaine, s'effondrera dans un temps, que déjà il est triste de prévoir, une nation qui s'intitule la première de l'univers, et populairement la république française de l'an de grâce 1883.

Il nous a été donné d'approcher de très près plusieurs des chefs forestiers; ils nous ont laissé un heureux souvenir; gens de savoir, qu'ils sont, d'instructive conversation, d'attrayants rapports, de parfaite urbanité. Le souvenir du garde général Dagoury vivra plusieurs générations dans la forêt de Bellême.

Tout vieillit, tout ce qui a été jeune atteint l'âge de la maturité ; quelques années de plus, l'homme touche à la décadence, de même l'arbre le plus puissant de la forêt, le monarque chêne. Après deux siècles de splendide existence, devenu hôte inutile, il est condamné à la destruction ; tombé malade de maladie, atteint d'infirmité de vieillesse, ou l'heure de la caducité sonnant, le marteau du garde, de l'inspecteur le frappe sur l'épaule; sur un carré de son écorce deux lettres sont tracées, ces deux lettres fatales sont l'arrêt de mort. Livré aux enchères, les industriels s'arrachent cette proie dont ils payent un prix élevé sachant qu'ils tireront un prix plus élevé du géant terrassé; ce cadavre a coûté cher; le squelette sera payé plus cher encore ; autour de lui s'acharnent des convoitises ardentes. En effet, une année entière, il est le travail, la fortune de beaucoup ; industriels et ouvriers ; les uns ayant atteint la richesse, ou en voie de l'atteindre, les autres courant après leur pain quotidien songeant à la femme et aux enfants; aussi le jour d'adjudication est-il jour de vive émotion, de joie et d'angoisse pour la population qui vit de la forêt.

Ces jours solennels d'adjudication sont annoncés longtemps à l'avance par des affiches très connues placardées dans les lieux publics, dans les villes voisines, dans les bourgs. Ces affiches indiquent les conditions de la vente, les charges imposées aux acquéreurs ; ces jours désirés et redoutés, l'administration sagement économe et prévoyante ne vend pas seulement ses beaux arbres si hauts, si droits, si francs et qui sont chèrement payés ; elle livre aussi aux feux des enchères son bois inférieur, son bois malade, son bois mort prématurément, le bois qu'a renversé la tempête, les victimes de la foudre, les infirmes d'un terrain qui ne fournit pas le suc reconfortant, obligé pour l'alimentation et le développement de l'être végétal.

L'administration vend à part le bois sain, à part le bois mort, à part le bois malade ; car les végétaux ont leurs maladies à l'égal des animaux ; — tout ce qui vit porte sa peine avec soi — estimé, admiré, le beau bois pour les travaux d'élite ; jeté au rebut le bois inférieur, dirigé vers les usines à chaux, les tuileries. Une image sans qu'il y paraisse, de ce qui se passe dans la société.

Le bénéfice forestier est élevé ; il varie suivant l'étendue des coupes ; — les révolutions leur portent un préjudice indicible, alors les bois sont livrés plus nombreux et au rabais — suivant la qualité inégale du bois que les marchands de bois expérimentés savent bien distinguer ; suivant les terrains, suivant les facilités d'extraction.

Si l'Etat profite de ces bois, le pays en profite non moins ; car leur exploitation crée une somme élevée de travail pour l'abattage, la mise en grumes, en planches, en solives, en poutres, en sabots, en lattes, en hattelles, en sceaux ; j'en passe, toutes choses nécessaires à l'industrie. Une partie du bénéfice de la vente paye le budget personnel forestier, budget élevé, car le personnel auquel est confié la surveillance, la conservation d'une forêt est nombreux. Une autre partie de ce budget profite à la forêt elle-même ; elle paye les plantations nouvelles, les semis nouveaux, les repeuplements, l'entretien des clôtures, des chemins sans lesquels l'exploitation serait impossible. Après des dépenses multiples obligées le produit forestier est diminué, il tombe inférieur aux bénéfices agricoles. Le secret de la caisse n'est pas livré au public ; suivant les indiscrétions faites, suivant les appréciations des connaisseurs en la matière, ces bénéfices sont réduits à deux pour cent. Nous les croyons inférieurs. À l'occasion de cette exiguité, il a été question de supprimer la forêt, de la livrer à l'agriculture parcellaire qui ferait rapporter trois pour cent au terrain. L'amour propre national s'est révolté contre les projets destructeurs ; et puis dans les temps troublés où nous vivons qui peut voir clair dans l'avenir !

Certains curieux ne se contentent pas d'admirer la belle forêt, de mesurer par le regard chacun de ces grands arbres si hauts, si droits, si lisses ; ils poussent plus loin leurs investigations, ils demandent quelle nature de terrain a pu produire ces puissants géants du monde végétal. Le sol forestier est variable ; la science géologique nous apprend qu'il est peu de terrains uniformément le même dans une grande étendue. Les terrains producteurs sont ou calcaires ou argileux, ou siliceux. On retrouve cette inégalité dans le sol de la forêt de Bellême ; mais en général la forêt est assise sur une base siliceuse. Des sondages faits par un très habile ingénieur de la Sarthe, M. Blavier, l'indique scientifiquement. Le promeneur moins savant qui veut ne s'en rapporter qu'à son propre examen le peut aisément. En effet, celui qui attaque la forêt par le Midi trouve des sablières largement ouvertes aux villages des Buttes, de la Bruyère, de Plaisance. En contournant vers l'Est sont deux sablières en pleine exploitation. Sur l'une des lignes de Saint-Ouen-de-la-Court ; en contournant la forêt longeant la partie Nord sur le chemin de Bellavilliers on voyage presque constamment sur le sable ; avançant vers l'Ouest sur le territoire de la Perrière on est en plein sable ; le monticule si pittoresque du bourg de la Perrière, ancienne châtellenie de ce nom, est encore un terrain de sable, et c'est sur ce plateau de sable rendu fertile par les détritus des feuilles, des bruyères, des eaux forestières que naissent, que se développent, que se nourrissent, que vivent ces beaux végétaux objets d'étonnement et qui atteignent une valeur vénale si élevée.

Et d'où proviennent ces sables, ces sables plutôt que des calcaires abondants plus loin ? Ces sables, pour expliquer leur présence ici, il faudrait quelque peu remonter à la création du monde, aux révolutions terrestres ; on nous permettra de laisser ce soin aux savants qui ont dirigé leurs méditations sur la formation, l'arrangement du sol que nous occupons et que nous appelons le Perche.

Faut-il dire que l'industrie privée se sert utilement de ces sables pour des usages divers ; que ces sables en apparence les mêmes ont des qualités différentes que l'expérience révèle ? Les uns sont prisés pour la bâtisse, d'autres pour le pavage, d'autres pour la salubrité des habitations, etc.

En général, le terrain forestier n'est point exploité pour les usages industriels ; cependant en parcourant certaines parties de la forêt on n'est pas peu étonné d'y rencontrer de nombreux débris de scories de fer qui indiquent que, à une époque éloignée très primitive, ce terrain a fourni une certaine quantité de minerai qui a été exploité. Les scories ferrugineuses rencontrées sont très lourdes, conservent beaucoup de fer parceque le mode primitif de fabrication était imparfait. A l'époque gallo-romaine on a réuni assez de ces débris pour construire d'indestructibles voies autour de la villa romaine retrouvée récemment au champ des Ouches, près le bourg de Saint-Ouen-de-la-Court. Si la mine ferrugineuse est épuisée dans la forêt de Bellême elle ne l'est pas dans des localités voisines, Saint-Mard-de-Réno, Longny, pays forestiers soudés jadis à la forêt de Bellême.

Lorsque la butte très roide, dite de la Baudonnière, a été tranchée au siècle dernier, pour la confection de la route de Bellême à Mortagne, le double talus de la route a conservé une teinte rosée des plus prononcées ; il reste encore de ces teintes malgré les lavages des pluies, un siècle durant. On le sait, ces teintes rosées ont leur cause dans la présence d'un sel de fer à plusieurs dégrés d'oxidation, depuis le carbonate ferreux jusqu'au tritoxide. La forêt a eu ses dépôts de fer exploitables ; il reste en beaucoup d'endroits une imprégnation de sels ferriques. Qu'on ne s'étonne pas alors de voir plusieurs ruisseaux gardant à la surface de légères pellicules irisées. Cette présence du fer est bien autrement manifeste au ruisseau s'échappant de la fontaine de la Herse où sur les deux rives, la matière jaune ocreuse a été déposée abondamment par la gazéification de l'acide carbonique tenant l'oxyde de fer en dissolution.

L'analyse de cette eau a été faite par deux chimistes distingués, Chareau professeur au Lycée du Mans, Ossian Henry, préparateur au laboratoire de l'Académie de Médecine. Les deux analyses faites séparément sont concordantes ; l'eau est riche en calcaires, comme on les trouve généralement dans les eaux servant à la santé de l'homme ; ce qui les spécialise c'est la présence du fer, de l'arsenic ; du fer ce corroborant des forces de l'homme, de l'arsenic, si utile aux phtisiques, aux dartreux, un admirable modificateur d'états morbides divers.

Le lieu dit de la Herse est aussi marécageux que possible ; au bord d'un étang qui n'est qu'un vaste marécage ; eh bien, chose remarquable, les habitants qui se servent, pour l'usage alimentaire, de cette eau ferrée de la fontaine ne sont jamais atteints par la fièvre paludéenne à laquelle ils sont si exposés, le préservatif est précisément dans ce sel de fer corroborant qui neutralise l'influx marécageux.

Cette eau qui a été en faveur au temps de Louis XIV, et en ce présent siècle à l'époque dite de la Restauration, est utile dans nombre de maladies internes et externes ; présentement elle est délaissée. Le public toujours dupe n'a plus confiance que dans les remèdes chers prônés par les réclames intéressées des journaux à un sou dont le public se rassasie le soir, empoisonnant son corps après avoir empoisonné son esprit.

L'aspect imposant de la forêt, le silence solennel règnant sous ses voûtes d'ombres, silence qui n'est troublé que par le chant des oiseaux au printemps, porte à la rêverie, à la méditation. L'homme le plus illettré se prend parfois à réfléchir devant le splendide spectacle. Le pourquoi donc de ces magnificences ; quelle puissance a fait naître ces robustes êtres et les entretient, les favorise dans l'immense série de la vie végétative, à l'image de ce qui se passe dans une autre série vivante, la série animale non moins immense. La contemplation conduit à l'éclosion des idées métaphysiques ; celles-ci à la croyance d'un être supérieur très puissant, créant, organisant, dirigeant, conservant. Cet être supérieur inaccessible, invisible, visible seulement par les œuvres, le sauvage méditatif dans son isolement l'appelle le Grand Esprit ; avec le temps, la réflexion aidant, le Grand Esprit deviendra le Jéhovah chez les Juif , Θέος chez les Grecs, Deus chez les Latins ; l'existence d'un Grand Esprit reconnue, une religion est fondée ; l'homme aime à donner une forme matérielle à sa pensée ; la pensée Dieu deviendra un triangle égalitaire chez les Juifs ; pour le Grec amateur de la plastique, son Θέος sera un beau vieillard aux formes puissantes porteur de la foudre. Chez les Celtes nos grands ayeux la religion a été simple avec des interprètes prêtres. De ces prêtres, quelques-uns avaient la conception du Dieu unique, ne se refusant pas de lui donner un accessoire fantastique présentable à la foule pour la retenir en fixant son esprit. Le Druidisme fut donc créé, religion spiritualiste pour les initiés, matérialisée pour le vulgaire; religion belle, pompeuse dans plusieurs de ses actes ; féroce jusqu'au sang dans plusieurs autres ; conséquence inévitable chez des gens ayant le mépris de la mort, n'admettant pas que la souffrance fut une réalité.

Tel qu'il fut le Druidisme fut une religion puissante, s'imposa à cette population nombreuse, des siècles durant ; les Gaulois portèrent leur religion dans leurs pérégrinations lointaines et implantèrent leur autorité, leurs noms dans des contrées multiples qui les ont conservées, Espagne, Hongrie, Asie-Mineure.

Sitôt que le Christianisme parut dans les Gaules l'hostilité éclata contre la religion forestière de la fédération des Aulerci — le Perche ; les signes ostensibles du Druidisme, temples, lieux de rassemblements, processions dans la forêt à la recherche du gui sacré, détaché avec une faucille d'or, disparurent. La résistance fut longue ; l'homme n'abandonna pas facilement les croyances de sa jeunesse, qu'il a aimées, dont il a occupé son esprit. Le Druidisme pourchassé se réfugia dans les plus basses classes populaires, chez les vieilles sorcières allant au sabbat, à cheval sur un manche de balai. Il y aura toujours des pauvres parmi vous, dit le livre sacré, rien de plus vrai, mais principalement des pauvres d'esprit.

Aux signes patents du Druidisme fut substitué non sans opposition, non sans luttes, non sans effusion de sang le signe de la religion nouvelle, de cette religion qui enseignait à tous l'égalité devant Dieu, l'égalité du chef et du faible, l'égalité devant la justice et la punition. L'élan fut grand pour accepter un régime de bonheur que l'on ne connaissait plus en ce temps de confusion où n'existait plus qu'une loi, la force, la force brutale du meurtre, de l'assassinat. Le peuple qui aime les signes matériels de ses opinions, de ses doctrines adopta le signe patent de ce qui pour lui le représentait le mieux, la croix. Alors des croix furent érigées dans la forêt, s'y multiplièrent. Les croix étaient de bois naturellement ; mais le temps qui détruit pierre et fer, détruisit l'armée de croix de bois de chêne. La révolution de 1789, mal croyante, hostile au Christianisme, laissa tomber en ruine les croix de la forêt ; le gouvernement impérial et ceux qui suivirent, très insouciants de ces ornements, laissèrent tombé ce qui était tombé. Une seule fois, c'était au milieu du règne du deuxième empire, un garde général, homme de grande valeur, d'esprit poétique et religieux, Dagoury, un breton eut l'idée de relever ces croix forestières. Chaque croix devint un petit square, sablé, gazonné, rendu très accessible. Mais hélas, depuis trente ans, l'air humide de la forêt a de nouveau accompli son œuvre de destruction ; les croix ont disparu et ce n'est pas dans ce temps de renversement systématique d'emblêmes religieux qu'il sera question de relever nos croix forestières ; et, sans préjuger absolument de l'avenir, on doit prévoir que, comme conséquence des idées régnantes, elles ne seront pas rétablies et que nos enfants n'en conserveront pas le souvenir historique.

Si la religion avait manifesté son existence dans la forêt par l'érection des croix, elle en prit possession d'une manière autrement absolue ; quatre communautés religieuses furent fondées sur la limite de la forêt, la saisissant dans une immense ceinture. Par des faveurs spéciales accordées par les propriétaires de la forêt, les généreux comtes du Perche les Rotrou, firent de larges concessions aux religieux installés sur la lisière forestière, bois de construction, bois de chauffage, licences de pâtures, de glandage, de chasses et autres. Les quatre maisons religieuses installées dans la lisière de la forêt furent, suivant leur ordre d'importance, le prieuré de Saint-Martin, le prieuré de Chêne-Galon, ceux de Saint-Léonard, de la Chaise. Ces quatre prieurés naquirent dès les premiers temps de l'établissement du Christianisme dans la contrée. Les plus vieilles histoires mentionnent la présence d'un de ces prieurés, celui de Saint-Martin dès l'époque de Louis d'Outremer, mais il existait beaucoup auparavant ; car, sous ce règne le prieuré avait une organisation assez forte, et son autorité s'étendait sur les paroisses voisines dont il désignait et nommait les desservants. De longs siècles durant le prieuré de Saint-Martin conserva sa puissance qui suivit une marche progressive jusqu'au moment où cette grande puissance lui devint fatale. Comme les établissements de cette nature il fut remarqué ; il attira la convoitise des seigneurs, des courtisans commandataires qui se le disputèrent ; il devint la proie du plus adroit, du plus flatteur des vices du souverain.

Suivre pas à pas l'existence de ce prieuré serait difficile et dépasserait le but proposé ; ce qui peut être affirmé c'est que cette maison religieuse, s'éloigna de sa mission chrétienne, elle tomba dans l'existence purement sensuelle ; elle évita de se recruter d'autres membres pour remplir les vacances faites par maladies, infirmités. La pratique religieuse avait été délaissée à ce point que les quatre moines qui se vautraient dans cette riche prébende, payaient le curé d'à côté pour célébrer la messe quotidienne. Louis XIV, roi de peu de rigidité, comme on sait, indigné de ce manquement aux devoirs professionnels ferma le prieuré dont les trois ou quatre religieux restants furent dirigés sur Marmoutier, et les riches revenus furent affectés à l'entretien des invalides de ce règne où les guerres ne manquaient pas.

La part des indigents de la paroisse de Saint-Martin et des pauvres de la ville de Bellême fut fixée et réservée ; la distribution hebdomadaire aux pauvres, en pain et autres secours fut maintenue et pratiquée jusqu'au moment de la débâcle révolutionnaire où disparurent ordre, discipline, argent ; et sans vergogne, sans pitié, les pauvres furent abandonnés à leurs misères, à leurs infirmités ; on avait bien le temps de s'occuper de ceux qui criaient famine et en mouraient. La fraternité révolutionnaire ne fut qu'une duperie de plus dans l'humanité. La bourse des pauvres ne se retrouva point, on devait s'y attendre. Sous le gouvernement de la restauration, un préfet de l'Orne, M. le baron Séguier, s'occupa de cette misère de Saint-Martin, et, par un arrangement administratif, il fut décidé que quatre lits du petit hôpital de Bellême seraient affectés à quatre indigents de la commune de Saint-Martin ; ce qui fut exécuté ponctuellement jusqu'au moment où, sous le deuxième empire, l'hôpital subit une catastrophe budgétaire qui fit supprimer le secours.

Les pauvres de Saint-Martin sont frappés de malchance. L'hôpital de Bellême, sans s'y croire obligé, avait continué une distribution gratuite de médicaments ; cette distribution vient d'être supprimée.

Voilà très succinctement le récit du fameux prieuré de Saint-Martin qui se trouvait si à l'aise enclavé qu'il était dans la lisière Sud de la forêt.

Un détail archéologique qui mérite être conservé ; après la destruction de l'élégante voûte de la chapelle du prieuré par la tempête du lundi des Rogations, année 1847, une restauration devenue nécessaire amena la découverte de quantité d'ossements dans une partie du terrain de l'église. De ces ossements les uns étaient à nu, bien conservés ; les autres avaient été déposés dans des cercueils ; un plus petit nombre était compris dans de la maçonnerie. Aux pieds de beaucoup de squelettes furent recueillis quantité de pots de terre grossière, sans vernis, à panses arrondies, munis d'anses. Ces pots contenaient tous des charbons. La présence de ces pots rappelle une coutume très ancienne. Lors de chaque enterrement on portait un de ces pots ; suivant ainsi le corps, ou par honneur, ou pour corriger l'odeur cadavérique ; de l'encens était jeté sur les charbons, et pour l'entretien de la combustion des trous étaient pratiqués aux panses de ces pots ; lesquels étaient déposés aux pieds des corps à la fin de la cérémonie religieuse.

Deux de ces pots ont été déposés au musée d'Alençon.

Maintenant, voyons plus loin ; toujours sans quitter la forêt ; poussons l'examen vers la partie Nord ; là nous trouvons un deuxième prieuré, inférieur au précédent par l'importance et dont cependant l'histoire doit tenir compte.

Il s'appelait, de son vivant, Chêne-Galon, Quercus-Galoni ; la date de son origine ne peut-être établie ; comme les autres établissements de cette nature, il faut le faire remonter à l'époque de l'établissement du Christianisme chez les Aulerci ; le besoin d'association était général. Se protéger, se défendre, cette impérieuse nécessité obligeait les convertis à se réunir, à s'entendre et, la communauté, comme son nom l'indique, était le concours commun de tous ; concours commun pour la religion et ses pratiques de prière ; pour la sûreté personnelle ; pour le travail autrement profitable fait en réunion.

Le lieu de Chêne-Galon est un lieu privilégié de dame nature. Adossé à la forêt il a devant lui un large espace plein de verdure ; deux grands bras de la forêt l'enceignent ; vaste cirque d'admirable effet ; vers l'Ouest une échappée découvre l'église de Bellavilliers — la belle ville — bien déchue. Le soleil couchant inondant de lumière cette immensité, l'effet est féérique.

Ce prieuré de Chêne-Galon, comme toutes ces maisons communes vouées à la prière, à la modestie, au travail, prospéra, grandit, de petit devint important. Le prieuré fut le but des générosités des chefs de la province ; les Rotrou se plurent à lui faire des avantages matériels multiples, tantôt sous une forme, tantôt sous une autre. Nous renvoyons à l'histoire du prieuré de Chêne-Galon, pour éviter les répétitions. Les religieux de cette maison étaient dits : les Bonshommes. Ces Bonshommes dépendaient d'une communauté ayant son siège à Clermont, en Auvergne. Leur costume manquait d'élégance, paraît-il ; — ils étaient auvergnats, — à ce point que, une comtesse Rotrou les visitant, les trouva dans un accoutrement peu présentable qui éveilla sa pitié. Une distribution générale de vêtements plus décents et plus propres, faut croire, fut ordonnée et remplaça l'ancien habit de bure. Ce costume de bure était brun, grossier, rappelait l'époque la plus barbare de la Gaule. La comtesse Rotrou fit mieux que de changer.les vêtements de ces malheureux ; elle voulut qu'une distribution pareille fut répétée chaque année à l'époque de Pâques, et la question de finance en fut réglée de suite sur le budget de son petit gouvernement du Perche.

Le prieuré de Chêne-Galon, contrairement à son voisin de Saint-Martin, n'a joué qu'un rôle très restreint dans la vie politique de la province du Perche ; nous le voyons cependant assister, par ses délégués, à l'assemblée générale qui se tint en juin 1557 à Saint-Denis de Nogent-le-Rotrou, sous la présidence du conseiller de Thou, commissaire royal, voilà ce qui est à notre connaissance ; avouant humblement que nous pouvons ignorer bien des choses dont les Archives de l'Orne conservent obstinément le secret.

Comme toutes les communautés religieuses, Chêne-Galon eut le malheur de devenir riche, il attira la convoitise des puissants de l'époque et tomba la proie des commandataires, courtisans intéressés de la royauté ; alors le prieuré dégradé perdit sa sainteté et sa considération devant les fidèles ; il ne fut plus qu'une marchandise bonne à exploiter. Les religieux, d'eux-mêmes très réduits, perdirent le sentiment de leur dignité ; ils ne furent plus des religieux que par l'habit, et, tombés vulgaires ne s'occupèrent que d'intérêts matériels.

Pour être juste, l'historien Bry, l'ami, le familier de la maison affirme que leur vie était régulière, empreinte de sainteté ; croyons au dire de Bry, n'ayant pas le moyen de le contrarier.

La révolution qui n'accordait aucune grâce aux communautés mit la main sur le prieuré de Chêne-Galon, dispersa les quelques religieux, s'empara des biens, les vendit aux enchères ; combien ? Peu de chose sans doute, car l'argent se cachait et l'État vendeur n'offrait que des garanties suspectes.

Les révolutions, entreprises toujours pour le bonheur du plus grand nombre, enrichissent ceux qui les font, et après ? L'une de ces multiples révolutions auxquelles nous nous complaisons en France, une révolution à l'eau de roses, celle de 1830, se trouva en pénurie d'argent. Pour se créer de minces ressources, elle vendit deux fragments de la forêt de Bellême, l'une sur le territoire de la Perrière, l'autre sur celui d'Eperrais — Eperrais, lieu pierré, à l'occasion des voies romaines existant sur ce territoire — Chêne-Galon compris dans cette vente tomba en des mains absolument laïques. La religion a fui ces lieux ; elle n'y a point été remplacée par la charité, ni la poésie, ni par l'une des sciences que recommande l'Institut. En regardant ce si grand, ce si bel espace que de fois nous nous sommes pris à regretter l'absence des moines trappistes de Staouéli défrichant, au péril de leur vie, la plage africaine pour la rendre féconde et nourrir la population arabe, ou encore les moines de Soligny fertilisant des marais, créant des fortunes réservées à la charité, chassant l'ancienne misère, la remplaçant par une richesse bienfaisante pour le pays voisin. Il n'est pas indifférent que la moindre parcelle de terre soit négligée ; il est urgent au contraire que la terre française soit travaillée avec plus de soin, plus d'ardeur que jamais, qu'elle rende son maximum alimentaire, en grains, fruits, bestiaux. Que la pensée ne se détourne pas de ce fait capital ; la France ne peut plus nourrir sa population ; elle vit avec la nourriture fournie par l'étranger et cela dans une proportion dont on se rend compte aisément en consultant les tables des importations établies par le gouvernement.

Nous payons notre subsistance, avec le travail national, avec ce que nous fournissons le plus à l'exportation ; or ce que nous fournissons à l'exportation ce sont des produits de l'art français où nous excellons, paraît-il, rubans, parfums, objets de toilette. Ce que nous achète chèrement l'étranger en tableaux, en statues est maigre pitance dans un budget.

La plaine médiocrement produisante de Chêne-Galon, malgré sa protection forestière, son bel orient, ses eaux limpides que lui déversent les bois nous inspirent ces quelques réflexions qui sembleront sombres à quelques-uns; mais qui seront réputées justes par ceux qui savent lire dans l'avenir; qui ne s'arrêtent pas au bruit de la place publique et préfèrent au brillant de la surface l'austère et prévoyante vérité.

Chêne-Galon ne se relèvera pas de sa ruine ; et pourtant quels beaux restes ! les puissantes murailles, les belles colonnes d'autel renversées, le site admirable, le soleil plus beau qu'ailleurs, semble-t-il ; mais tout est mort quand l'âme qui vivifie a disparu, et Chêne-Galon a perdu son âme avec son caractère religieux.

De la forêt de Bellème circonvenue par quatre prieurés, deux viennent d'être indiqués sommairement, l'un au Midi, l'autre au Nord, les deux puissants, ceux qui ont le plus marqué dans l'histoire de la province du Perche. Les deux autres, moins importants sans doute, ne doivent pourtant pas être délaissés, ce sont les prieurés de Saint-Léonard et de la Chaise. Ils sont situés un peu sur la limite Nord; Saint-Léonard appartenant à la paroisse de Bellavilliers ; le prieuré de la Chaise s'écartant implanté sur la paroisse d'Eperrais. Ces deux prieurés modestes ont attiré les regards bienveillants des chefs de la province, les comtes Rotrou. Leurs chartes généreuses ont été recueillies par les historiens René Courtin et Bry de la Clergerie. Lors de la réunion des Etats-Généraux du Perche, en juin 1558, à l'abbaye de

Saint-Denis de Nogent-le-Rotrou , ces deux prieurés furent représentés par leurs délégués.

Puis l'existence de Saint-Léonard et de la Chaise suivit la voie commune à toutes les maisons religieuses de France. Faisant exception, ces deux petits prieurés ne s'enrichirent pas, ne créèrent pas autour d'eux de vastes domaines. Pas assez riches ils n'attirèrent pas les ardents désirs des riches de la terre , ils ne furent point convoités par les commandataires. S'ils échappèrent à cette étreinte dégradante et ruineuse, ils n'échappèrent pas à l'action autrement envahissante et destructive de la révolution. Saisis, dépecés, aliénés, ils furent vendus comme légumes au marché ; ils devinrent de simples fermes obscures dont l'écrivain n'a point à s'occuper, échappant à toute attention scientifique.

L'administration de la forêt est dirigée, non arbitrairement par tels et tels, favoris de ministres, ou de hauts dignitaires, mais par des hommes sérieux, sortis de l'école de Nancy ; école où l'on n'entre que par la difficile épreuve du concours, d'où l'on sort après de multiples examens.

Cette administration a établi sa carte géographique avec une rare précision ; rien n'est omis ; le moindre lieu, le plus petit incident de terrain est signalé ; les voies y sont nettement indiquées. L'archéologue trouve aussi à se satisfaire. Il était impossible que cette belle forêt ne devint pas une position militaire ; les Aulerci s'y défendirent avantageusement, les Romains si forts de leur science militaire s'y installèrent, s'y fortifièrent et s'y maintinrent des siècles durant. La forêt après des siècles de délivrance est encore remplie des témoignages de l'occupation romaine : camps, postes militaires, voies de communication, et tout se retrouve aujourd'hui. Le camp, désigné par la population sous le nom de Chastelier, petit château , est installé sur la partie Ouest, direction de la Perrière. Il est naturellement dessiné et construit selon les règles adoptées par le génie romain ; parallélogramme, fossés larges et profonds avec les terres rejetées à l'intérieur ; portes d'entrées, portes de sorties, places pour les logements, les exercices, les officiers ; rien ne manque de ce qu'ont décrit les historiens romains sur l'art de la guerre.

C'était vers le milieu du régime impérial, deuxième empire ; alors était sous-préfet de l'arrondissement de Mortagne, un homme de savoir, sérieux, comprenant qu'un fonctionnaire doit s'occuper du petit état confié à son gouvernement ; qu'il doit l'étudier, le connaître, l'aimer. Or, M. le baron de Boyer de Sainte-Suzanne, aujourd'hui après des phases diverses, gouverneur de la principauté de Monaco, tint à connaître ce qu'était son arrondissement de Mortagne au point de vue historique et archéologique. Son attention se fixa sur le camp romain, dit le Chatellier. Assisté d'un des forestiers les plus distingués, le garde général Dagoury, il fit pratiquer des fouilles à l'entrée principale du camp. La peine ne fut pas perdue ; le sol était couvert de briques rouges épaisses, affectant des formes variées pour des usages divers. Sur ce champ de briques était répandue quantité de débris de vases aux teintes blanches, grises, brunes, rouges ; de ce rouge spécial bien connu des antiquaires ; appartenant à des poteries, bien lisses, solides et capables d'un usage journalier. Deux vases de bonne conservation ont été déposés au Musée d'Alençon.

La configuration du camp fut relevée avec ses fossés, ses talus, ses emplacements. On était en bonne voie ; mais un sous-préfet n'est pas institué pour faire de la science mais de l'administration ; l'examen bien incomplet fut suffisant pour constater que ce Chatellier était bien un camp romain.

On reconnut encore que ce camp avait eu de l'importance, qu'il fut permanent et non passager ; qu'il était capable de soutenir une forte agression ; l'importance était attestée par cette quantité de débris arrachés par les ouvriers forestiers et répandus pour la consolidation des lignes du voisinage.

De ce camp, poste essentiel, rayonnent deux lignes principales, l'une vers l'Ouest, traversant le pays des Aulerci Cenomani, peuple remuant, ennemi de la sujétion romaine et tentant à s'en délivrer. L'autre ligne prenait une direction vers l'Est, traversait la forêt dans sa plus grande longueur, sortait vers d'autres peuplades pour les maîtriser et comprimer tout soulèvement.

Les Romains étaient ingénieux pour établir leurs moyens de défense. La carte forestière qui n'omet rien indique, vers le Sud, à l'endroit le plus découvert, deux avant-postes de surveillance. Ils sont sur la lisière de la Mesle — Maximus — sortes de corps de garde, contenant une poignée d'hommes, ce qu'il fallait pour surveiller l'ennemi, donner l'éveil. C'est un peu ce que nous faisons en Afrique où notre science de guerre doit faire face aux mêmes besoins.

La forêt de Bellême a une autre raison d'attirer l'attention du savant, sa fontaine d'eaux minérales édifiée sous le vocable des divinités mythologiques. Elle est placée au bord d'une route qui de Bellême se dirige vers Mortagne. Elle a dû être établie lors de l'occupation romaine et pour l'usage des soldats romains, car, une ligne quittant le camp romain, a sa direction vers cette fontaine.

La dédicace est gravée sur deux pierres se rencontrant à angle droit. L'une des pierres porte un seul mot :

APHRODISIVM

A Vénus, l'une des divinités les plus honorées ; à Vénus, oui, car cette eau a qualité pour guérir et rendre fécondes les femmes qui aspirent après le bonheur de la maternité.

L'autre inscription dit :

DIIS INFERIS
MARTI MERCVRIO
ET VENERI
SACRVM

DIIS INFERIS, les dieux inférieurs, les dieux de ces lieux, sylvains, dryades et autres ; c'était affaire de politesse. **MARTI** au dieu Mars qui méritait bien être honoré par un peuple éminemment guerrier ; à Mercure, **MERCVRIO**, qui n'est point le dieu des voleurs, comme on s'est plaisamment trop hâté de le dire, mais le dieu qui protégeait les arts industriels, ce qui a bien sa valeur dans une société. Et enfin Vénus ; **VENERI SACRVM**, on prodigue l'ovation à cette divinité, la mère de tous les êtres qui vivent dans l'air, sur la terre, dans les eaux.

M. de Sainte-Suzanne, avec son esprit, inquiet de savoir, voulut s'assurer de la nature chimique des eaux de cette fontaine, installée par les Romains avec un certain luxe de construction ; laquelle au temps de Louis XIV maintenait sa réputation ; après des siècles écoulés ; qui fut fréquentée par le poète Scarron : qui figura dans le fameux Roman Comique si connu ; qui fut délaissée sous la république — est-ce que alors on avait assez de liberté d'esprit pour s'occuper de santé — qui reprit faveur vers 1830 ; et enfin de nouveau est retombée dans l'oubli. Le conseil d'hygiène de l'arrondissement de Mortagne réuni et consulté à ce sujet fit capter cette eau, laquelle analysée au laboratoire de l'Académie de Médecine fut jugée contenir des éléments chimiques capables de rendre des services dans plusieurs maladies nettement indiquées. Cette étude fut la confirmation des qualités curatives de ces eaux, qualités reconnues depuis un temps immémorial. Les ingénieurs envoyés par le gouvernement établirent le débit de la source ; il est considérable, sans doute, mais insuffisant pour la fondation d'un grand établissement. L'idée de fonder à la Herse des thermes pareils à ceux de Spa et autres lieux fut abandonnée.

Le public qui a la foi très facile pour tous les remèdes des charlatans, des audacieux, ne veut pas consentir à croire qu'il a sous la main un remède précieux dans nombre de maladies ; remède très économique et qui restera en défaveur pour avoir le grave défaut de ne rien coûter.

Il est à craindre que la vieille réputation de la fontaine de la Herse ne se rétablisse jamais ; ce serait dommage vraiment.

Les Romains dont il faut reconnaître et admirer l'habileté en toutes choses n'avaient point hésité à édifier solidement la double fontaine. Ils faisaient grand en tout ce qu'ils touchaient ; après deux mille ans la construction est solide comme au premier jour.

A l'occasion de la présence des sels de fer dans les eaux de la merveilleuse fontaine, citons une légende qui, à cause de son étrangeté, est volontiers acceptée. Saint Martin de Tours défrichant le pays du Perche ; — il avait fort à faire — vit tout à coup le soc de sa charrue se détacher et se perdre dans la terre ; immédiatement jaillit une eau limpide qui depuis lors n'a cessé de s'écouler.

Le grand saint Martin eut pu, usant du pouvoir de miracle, qui lui était accordé, commander au soc de sa charrue de reprendre sa place et continuer son sillon ; pour des motifs dont nous ne pouvons comprendre la profondeur, le saint s'abstint. Ce soc de charrue en fer est dissous par l'eau qui le lèche continuellement ; d'où, depuis lors, la qualité spéciale que possède la merveilleuse fontaine. La tradition fantaisiste est fortement enracinée dans la contrée. A une époque assez récente, deux gars du pays s'arrêtent en contemplation devant la source ; c'est pourtant au bienheureux saint Martin que nous devons cette eau, dit l'un,

regarde bien et tu trouveras la charrue du saint. L'autre à
force de regarder, croit l'apercevoir et comme dans la
chanson du bon gendarme, « ah, gars, tu as bien raison. »

> L'homme est de glace pour la vérité,
> Il est de feu pour le mensonge.

Il est encore une autre légende qu'on n'acceptera qu'avec
réserve ; le roi saint Louis, dont la jeunesse fut troublée par
des guerres de prétendants, batailla dans notre pays ; il
aurait attaché son cheval à un certain chêne très connu dans
la contrée et assez peu éloigné du camp romain. Ce chêne
très vieux, usé dans son centre, pouvant abriter trois personnes dans son intérieur, porte toujours le nom de chêne
saint Louis. D'autres l'appellent le chêne Saille ; sans doute
à cause de son énorme diamètre.

Au présent dix-neuvième siécle le lieu de la Herse a passé
par des phases diverses. Au temps du premier Empire, des
guinguettes existaient dans les loges des sabotiers ; là on
dansait au son du violon ; on buvait, on chantait. Les femmes
se répandaient dans les taillis voisins avides de cueillir sur
les arbrisseaux nommés mirtiles, — mirtile, joli nom dérivé
avec raison de mirthe, petit mirthe, — ces petits fruits
noirs, de goût acidulé, agréables à manger quand ils sont
mûrs. Il m'en souvient encore malgré les quatre-vingts ans
écoulés ; le populaire les appelle sentines.

Les révolutions politiques se succèdent avec amour chez
nous ; cet amour est dans le sang gaulois ; il survivra malgré
les horions ; mais bah ! pourvu qu'on n'en meure pas tout à
fait, ou qu'on en ressuscite ; de même le sort de la Herse.
Après les prospérités suivies des désastres de l'empire,
silence complet ; on avait besoin de se recueillir, les évé-
nements ne poussaient pas à la gaieté. Le chagrin, même
dans le Perche, n'est jamais de longue durée. Insensiblement on revint aux promenades de la forêt, aux petits

dîners, aux bonnes joies du grand air, aux séductions du spectacle de ces splendides arbres qu'on aimera toujours et qu'on ne peut assez aimer. Puis de nouveau une révolution ; et bien entendu un nouveau silence ; le moyen de se réjouir quand le cœur est en deuil, que l'esprit souffre ?

Sous le gouvernement de Juillet on se souvint que les soldats romains accouraient à la source puiser la santé et la force. Je me figure que les soldats du camp du Châtellier devaient être atteints de fièvres paludéennes, contractées dans un climat si différent du leur ; l'eau ferrée, martiale de la Herse leur convenait ; de même qu'elle préserve ses riverains de la fièvre forestière.

On se souvint encore que, au temps du roi Louis XIV, la fontaine de la Herse attirait de nombreux visiteurs, grands seigneurs, prélats, grandes dames ; et en ce beau temps, l'affluence reparut dans ce beau lieu de la Herse. Accouraient matinalement là des jeunes femmes, des jeunes filles, à pieds, à ânes, respirant à pleine poitrine les effluves embaumées des chênes, des arbres résineux, les gaz oxigènes se répandant largement dans l'espace, s'exhalant des poumons des feuilles — chlorophile — sous l'action chimique des impressions lumineuses du soleil. Chacun de nous a pu apprécier cette action forestière si salutaire sur les poitrines malades, de même qu'il est si aisé de sentir le bienfait de la respiration salée au bord de la mer.

Puis encore une fois, autre silence autour de la fontaine, pourquoi ? On le devine. Mais on se lasse du chagrin, de la réflexion noire pour passer à d'autres impressions ; pleurer toujours comme rire toujours n'est pas le sort de la nature humaine. Aujourd'hui on revient à la Herse, Dieu merci. Dans la belle saison, pendant les vacances, les mamans amènent doucement les enfants grands et petits. Oh, les bonnes journées de liberté, de chaud soleil ; que de joyeux propos ; et le soir on quitte ce lieu charmant avec le désir, l'espoir de répéter ces heureuses distractions.

Le populaire aussi a repris ses anciennes habitudes de promenades forestières à certains jours. Dans les temps anciens, les corps de métiers étaient constitués en associations, ayant leurs règlements, des chefs, des insignes ; leurs bâtons fleuris, portés en tête des processions ; les saints, patrons adoptés de ces fêtes, étaient musiqués, à grand renfort de violons. La révolution de 1789, fort peu libérale en beaucoup de points supprima ces corporations et ces cérémonies. A plusieurs reprises les ouvriers tentèrent le rétablissement de ces fêtes. Dans le corps social quand un membre souffre, les autres souffrent à l'unisson. Les fêtes reparurent, disparurent alternativement. Depuis peu, on doit s'en réjouir, les ouvriers reprennent goût à leurs fêtes de jadis ; les jardiniers tiennent à honneur de produire leurs plus belles fleurs, les cordonniers jaloux ne veulent pas se laisser dépasser. Les charpentiers n'oublient pas leur saint Joseph ; les maçons tirent des coups de fusil à force, c'est leur messe, le jour de l'Ascension. Les ouvrières nombreuses fêtent leur sainte Anne, propres, blanches, coquettement attifées, souvent gentilles, étalant leur joie. Que de rires, que d'embrassements ce jour-là, follement acceptés, aussi follement rendus. Etrangeté ! Dans ce temps si peu catholique, ce retour des corporations, quant aux fêtes, a opéré un retour vers l'église ; une messe solennelle est chantée le matin pour honorer Dieu, le saint et l'ouvrier ; le reste de la journée est réservé au plaisir. La veille de ce jour de fête toutes les cloches de la paroisse l'ont annoncée au monde entier ; l'ouvrier est en joie, l'univers doit être en joie à l'unisson.

Une ligne, un mot avant de quitter la Herse. Pourquoi ce mot Herse. Les savants sont allés lui chercher une désignation celtique. Plus simplement, beaucoup moins savamment. nous nous permettons de dire ; la ville de Bellême, ville fermée au moyen âge avait une porte ouverte et une herse à sa porte, cette porte — sa trace subsiste encore — regardait la forêt ; un chemin conduisait directement, seul et unique, atteignant la fontaine qui prit le nom de Herse.

Nous avons causé de la fontaine de la Herse archéologiquement et historiquement ; mais la forêt est remplie de produits archéologiques qu'il ne faut pas taire : au camp du Châtellier nous avons trouvé en abondance quantité de débris de poterie, blanche, grise, rouge ; à la chapelle abbatiale de Saint-Martin nous avons signalé des pots funéraires entiers, accompagnement des cérémonies dernières ; nous ne sommes pas à la fin, sur mon bureau, me servant de presse-papier est une très belle hache en bronze, arme puissante pour le combat, maniée par une main vigoureuse. Elle se portait à la ceinture ; le manche était en corne d'animal, j'imagine et solidement enclavé dans le métal. Les assassins de nos jours usent de l'assommoir pour étourdir leurs victimes, entamer les crânes, amener la mort rapide, sans cris, sans convulsions compromettantes je les renvoie au marteau-hache des Gaulois.

Autre produit archéologique :

Assez récemment .des ouvriers pourchassant un renard dans son terrier découvrirent cinq plats en fer battu ; mesurant chacun trente centimètres de largeur. Sur l'un d'eux très oxidé on croit distinguer en creux le mot *Fillipar* qui serait le nom du fabricant ; de même que de nos jours, les marchands de cuiller d'étain inscrivent en relief le nom du fondeur.

. Ces plats sont d'époque peu éloignée, trois cents ans, lors de nos guerres civiles ; quand la population malheureuse fuyant pillards et massacreurs cachait personnes, richesses, mobilier.

Nos pères n'ont connu le bonheur que relativement, toujours en présence du pillage, de l'extermination qu'ils étaient. On se tuait politiquement en masse ; on s'assassinait en détail d'homme à homme, il fallait incessamment être défiant, discret, ingénieux pour dissimuler, cacher le petit

pécule, la modeste fortune de la famille. En quel endroit
mieux la cacher que dans la forêt où ne se trouvent ni yeux,
ni oreilles révélateurs ; au pied d'un chêne que l'on remar-
quait bien, sous une touffe de mousse, de fougère, de
bruyère ? Il arrivait souvent que les propriétaires de ces
trésors cachés ne reparaissaient plus, égorgés par un ennemi·
Nos ouvriers terrassiers les retrouvent aujourd'hui en
abattant les arbres, en creusant des fossés. Il n'y a pas lieu
à les restituer à leurs anciens propriétaires. Bien plus les
ouvriers défiants sont d'une réserve absolue quand on les
questionne sur leurs trouvailles ; ils ne savent plus en quel
lieu précis ils ont fait la découverte , combien de pièces ont
été trouvées ; expansifs d'habitude ils sont muets comme
carpes quand on court après les renseignements utiles. Ces
nouveaux propriétaires, gardiens avides de leurs trésors,
vendent en cachette cette monnaie précieuse pour la
science.

Les ouvriers dont les prétentions sur ces monnaies sont
excessives, trouvent des pièces d'or, d'argent, de bronze.
Les pièces d'or sont rares ; on en comprend la raison Une
pièce d'or d'origine celtique très ancienne est unique. Les
pièces d'or plus communes datent de Philippe II d'Espagne ;
quelques-unes sont portugaises. Evidemment ces pièces ont
été perdues à l'époque où les Espagnols avaient des prétentions à la couronne de France et guerroyaient dans nos
contrées.

Les pièces d'argent, dites des trois Charles, ne sont pas
rares ; altérées, minces, mal découpées, frappées sans règle.

Un certain jour de bonne chance les ouvriers mirent la
main sur une poignée de pièces en argent où l'on trouvait
la série complète depuis François Ier jusqu'à Louis XIII.
Dans le monceau se trouvaient quelques François Ier, plusieurs Henri II, quelques François II, ce pauvre petit roi
d'un jour ; des Charles IX, des Henri III, des Henri IV,
enfin quelques Louis XIII.

Il est clair que le dépôt a été fait lors des troubles de la régence orageuse de la reine mère, Marie de Médicis, troubles intestins religieux et politiques.

Outre les pièces royales, on trouve deux Charles X cardinal de Bourbon, deux ducs de Mayenne.

Jusqu'à Louis XIV la fabrication de la monnaie fut incorrecte ; les effigies sont dissemblables ; on reconnaît bien cependant les Henri II et principalement le Béarnais avec sa mine spirituelle et gasconne.

En outre on trouve de la monnaie de bronze de multiples époques. Un Néron nous est présenté en bon état ; quelques Antonins, des Faustines ; quelques Galères et Galien et les empereurs de cette décadence, tous radiés.

Toute cette monnaie de billon a été rencontrée dans la forêt et dans sa frontière ; plus dans cette frontière qu'ailleurs.

Il est oiseux de dire que les vaincus de nos guerres intestines trouvaient des refuges dans la forêt ; les taillis touffus offraient un asile d'une sécurité relative ; et bien plus certain, les souterrains construits avec intention. On ne sait pas la quantité de ces refuges. Pratiqués depuis des siècles, éboulés, on n'ose y pénétrer dans la crainte d'être enseveli. Ces refuges sont hauts, larges, capables de recevoir pas mal de monde ; des couloirs plus étroits reliaient une caverne avec une autre.

Nous avons trouvé cette disposition dans les catacombes de saint Calixte à Rome.

Lors de notre dernière guerre si funeste, la population, frappée à un moment de terreur panique, d'instinct se précipita en masse dans la forêt ; comme au temps des Bagaudes, où pour mieux se cacher, ou se défendre, l'homme poursuivi par le glaive et la faim, essayait de cette forteresse naturelle. En certains moments les hommes ne raisonnent plus ; l'esprit est malade comme le corps.

Faut-il signaler dans la banlieue forestière la rencontre de pesons, de formes variées, pour tendre les filets au fond des marais, instruments de pêche fort lourds en général.

Ne taisons pas davantage des petits godets, des capules pouvant contenir une cuillerée de graisse dans laquelle plongeait une mèche de moëlle de sureau desséchée. Qu'on était loin de la bougie de stéarine, cette merveilleuse découverte du très savant chimiste Chevreux ! Fabrication grossière bien primitive ; l'illustre Bernard de Palissy ne devait naître que beaucoup plus tard.

Ceux qui ont la passion des recherches, peuvent lui donner libre cours en fouillant ce sol percheron, où, depuis un tiers de siècle seulement, tant d'objets recueillis ont été fournis à l'étude ; où tant d'autres restent à découvrir pour étendre cette science presque nouvelle d'archéologie. L'archéologie, compagne de l'histoire, l'assiste de son puissant secours ; elle suit l'homme depuis son apparition au monde jusqu'à l'époque actuelle en lui faisant traverser des phases infinies. L'élan est donné, on cherche beaucoup on cherche en tous sens, on découvre beaucoup, chacun sent que le chemin à parcourir est encore long ; mais l'ardeur est grande, le courage sans bornes ; et la belle science archéologique aura son parcours lumineux serviable à la science.

Il ne faut pas s'étonner que la belle forêt de Bellême, aux chênes si droits, si élevés, menaçant le ciel d'une escalade, à la riche verdure, aux eaux claires, au silence profond, à peine troublé au printemps par les chants d'amour des oiseaux, ait plus d'une fois inspiré la verve des poètes. Au début de ce siècle, un secrétaire du ministre de la Justice, M. Lauréat, un gracieux homme, écrivit de jolis vers à l'occasion de cette forêt qui enserrait le château sénatorial, le Tertre. Une institutrice de Bellême, Mademoiselle Desjardins, une victime de son imagination et de son cœur, fut heureusement inspirée par la vue de la forêt. Il serait trop long de s'arrêter à cette littérature poétique, en nos heures où la prose règne exclusivement.

Qu'on nous permette cependant de très courts emprunts.

..... Là venaient les soldats réclamer la santé (à la fontaine)
    Par un climat austère à leurs membres ravie,
    Ici la jeune épouse, au péril de sa vie,
        Demandait la fécondité.
Il me semble, ô fontaine, assister à ces fêtes
Où les jeunes enfants formaient de joyeux chœurs,
Et tressaient près de toi les guirlandes de fleurs
        Dont ils chargeaient leurs blondes têtes.
Mais j'aperçois là bas briller un étendard,
Des légions courir vers tes rives prochaines ;
Et tout ému je vois, au milieu des vieux chênes,
        Errer l'ombre du grand César !.....

Signé GUESNON.

Un autre poète, Le Goguey, a écrit :

..... Viens, Chlora, vierge languissante,
    Quand seize ans menacent tes jours,
    Sur ta lèvre pâle et tremblante
    La source riche et bienfaisante
    Versa les roses des amours.

Sans que leurs eaux se ressemblent,
Deux ruisseaux coulent, s'assemblent ;
    L'une que le fer enrichit.....
L'autre jaillissant du gouffre.
Où le salpêtre et le soufre
Sont étendus dans son lit.....
    Et leurs naïades unies,
    S'élançant vers les prairies,
    Bondissent dans la forêt,
    S'arrêtant aux pieds du chêne
    Que caressent leur haleine
    Puis s'éloignent à regret....

LE GOGUEY.

Ce court travail d'histoire d'une forêt, fruit des longues soirées d'hiver, est loin d'être complet ; nous en voyons les vides. Nous laissons le soin de le continuer à de plus érudits mieux favorisés pour puiser aux riches sources départementales où abondent des matériaux qui manquent à quiconque est isolé au fond d'une campagne et n'a pour unique ressource que le désir de bien faire ; passons donc en courant la torche qui éclaire à celui qui la tiendra plus fermement, presque honteux d'avoir osé la toucher un instant.

Mamers. — Typ. G. Fleury et A. Dangin. — 1884.

remplaçait. Entre l'empire et la restauration que pouvait-il y avoir de commun? Ils se repoussaient, moins peut-être encore par la différence de leurs origines, que par l'opposition de vues dont la force des choses leur avait fait une nécessité. L'empire ne pouvait se soutenir que par le despotisme; et la restauration avait besoin de liberté. Comment leurs moyens d'actions eussent-ils dû être les mêmes?

Rien de plus commode, je l'avoue, que cet immense réseau jeté par l'administration de l'empire sur la France, afin de pouvoir agir à son gré sur tous les points de son territoire. Les combinaisons étaient si ingénieuses, et le mouvement imprimé si puissant, que la volonté du maître ne pouvait jamais rencontrer d'obstacles. Il a donc pu sacrifier tout à son aise les intérêts du pays à ceux de sa folle gloire. Cependant quand la mesure de ses fautes a été comblée, et que la fortune lui a fait éprouver enfin des rigueurs méritées; quelle terrible leçon! au premier souffle de l'adversité s'est évanouie sa puissance colossale. Il ne lui avait fallu que de la servilité; eh bien! tout lui a manqué à la fois; et son sénat, le plus méprisable des instrumens de son despotisme, s'est vengé de l'avilissement qu'il lui avait fait subir, en donnant lui-même l'exemple de la défection.

Toutefois faut-il être juste et tenir compte des circonstances.

Privé de cette puissance morale qui fait de l'obéissance un devoir, le gouvernement impérial n'avait point le choix de donner ou de refuser à son gré des institutions au pays. Ne pouvant sous peine de mort laisser à l'opinion publique des moyens de se faire jour, il fallait bien qu'il ne fût entouré que de muets. On lui a reproché la suppression du Tribunat ; mais le gouvernement ne pouvait le laisser vivre.

Ensuite, pour suppléer autant qu'il le pouvait à cette autorité du temps, il lui paraissait indispensable de ne se montrer que sous ces apparences de grandeur, qui frappent et saisissent l'imagination des peuples. Dès lors l'isolement devenait pour lui condition de rigueur.

Si nous admettons près du despotisme en effet des pouvoirs intermédiaires, il s'efface à l'instant.

Quelque subordonnés que nous les supposions, encore, par cela seul qu'ils existent, auront-ils quelques droits à exercer. Mais qui dit droits, dit liberté ; et si ce mot de liberté peut être prononcé, la magie en est telle qu'il s'empare aussitôt de tous les esprits, et qu'il n'y a d'attention possible que pour ce qui en éveille l'idée. Que devient alors le gouvernement ?

La restauration se trouvait dans des conditions bien différentes.

La grandeur du monarque qu'elle nous rendait, et qui, selon les expressions de M. Benjamin Constant, « nous représentait non un individu, mais une race en- « tière de rois, une tradition des siècles (1), » eût-elle eu quelque chose à souffrir de la présence de pouvoirs intermédiaires, au-dessus desquels il eût apparu ? Emanés du principe dont il était le type et l'expression, il est manifeste que leur autorité n'eût été que la sienne propre, et qu'ils n'eussent pu qu'ajouter à l'éclat et à la splendeur du trône dont ils auraient décoré les degrés.

D'ailleurs, loin d'annoncer l'intention de s'entourer de muets, la restauration venait au contraire pour élever au milieu du pays deux tribunes qui devaient inces-

____

(1) *De l'Usurpation*, chap. 11.

samment lui servir d'organes. Elle en invoquait donc l'opinion , et par une conséquence rigoureuse, cette opinion ne devait jamais trouver d'entraves. Toutefois, ce n'était point aux passions désordonnées et tumultueuses que la restauration s'adressait. Elle se proposait au contraire de nous faire enfin goûter les fruits de cette liberté salutaire, que nous avaient si vainement promise les gouvernemens qui l'avaient précédée , et dont elle était seule en mesure de nous faire jouir.

Mais il n'y a de liberté vraie que dans l'ordre , et comment concevoir l'ordre là où peut à tout moment déborder le torrent des passions populaires ?

Or, précisément, le propre des institutions est de dégager ce que ces passions ont de dangereux en en circonscrivant l'action , en même temps qu'elles répriment celle du pouvoir dans des limites tracées d'avance.

Interprètes fidèles de tous les intérêts qu'elles ont reçu mission de protéger ; les institutions sont par leur destination même portées à secourir ceux qui lui paraissent en souffrance , et c'est ainsi qu'elles entretiennent entre les pouvoirs de l'état cet équilibre qui en fait la force et en garantit la durée.

Ces considérations sont graves , et pourtant nous avons jusqu'ici négligé les plus importantes.

L'article 48 de la charte de 1814 , ne permettait d'établir ni de percevoir aucun impôt sans le consentement des chambres.

Mais si les chambres avaient le pouvoir de consentir , elles avaient en même temps celui d'examiner , car l'on suppose nécessairement l'autre. Elles avaient conséquemment encore celui de refuser, c'est-à-dire qu'en définitive , l'article 48 de la charte n'était autre chose que la sanction du droit enfin reconnu au pays d'intervenir par l'organe de ses représentans dans le gouvernement de ses affaires et l'administration de sa fortune.

Seulement, qu'on ne s'y trompe pas ; ce droit d'intervention en apparence si naturel et en réalité si juste, et qui est consacré dans tous les pays libres, c'est le principe démocratique avec ses terribles conséquences.

Comme il n'y a pas de gouvernement qui pût en supporter l'action, si elle n'était mitigée, tous les législateurs se sont appliqués à l'adoucir ; ils y sont parvenus surtout en en confiant le dépôt et la direction à des pouvoirs eux-mêmes intéressés au maintien de l'ordre.

C'est l'absence de ces pouvoirs en France qui, en 1818 (*Moniteur* du 5 avril), faisait dire à M. de Villèle :

« Sans institutions, ce beau royaume ne ressemble
« pas mal à une table rase, sur laquelle les novateurs
« peuvent continuer sans obstacles cette longue série
« d'expériences politiques, dont les essais déjà faits à nos
« dépens devraient avoir pour toujours dégoûté les
« Français sincèrement attachés à leur pays. »

Quand s'exprimait ainsi M. de Villèle, nous avions cependant deux chambres, mais cette apparence de représentation ne lui imposait pas (1). Que sont en effet des chambres sans institutions ?

Le but d'un gouvernement libre étant de satisfaire, dans une mesure convenable, aux divers besoins de la société, il est indispensable que, pour se manifester, ces besoins aient à leur disposition des organes toujours prêts.

Or, où en trouveraient-ils de plus fidèles que les in-

____

(1) « Vous n'admettrez pas non plus la conséquence qu'on voudrait tirer
« de l'existence des chambres pour repousser les autres institutions protec-
« trices de nos intérêts, etc., etc., etc. » (*Moniteur* du 5 avril 1818.)

stitutions qui en sortent, et en sont par cela même l'expression vivante?

Tout doit donc émaner des institutions; car dans leur ensemble c'est le pays lui-même.

Un homme de beaucoup d'esprit a dit qu'en Angleterre la liberté n'était point dans les chambres, qu'elle ne faisait que s'y montrer; et en effet la liberté, qu'est-ce autre chose que l'harmonie de toutes les forces sociales dans l'action qu'elles exercent les unes sur les autres?

Mais si ce que la société contient de réel ne peut se produire, où l'opinion publique, qui en définitive doit tout gouverner, trouvera-t-elle direction et appui?

N'étant appelée, ni provoquée par ce que les choses ont de positif, elle ne pourra que s'égarer au milieu des opinions purement spéculatives et des théories, et le pays sera livré sans guide à l'esprit de système et d'innovation.

Le principe populaire, dont le dépôt eût dû n'être confié qu'aux institutions, sera envahi par les passions politiques; et comme, en les irritant à son gré, la presse est toujours habile à s'en emparer, ce sera en définitive la presse qui se trouvera disposant seule de cette irrésistible puissance.

Oh! alors, le gouvernement sera complètement dénaturé; et jusqu'à ce que nous nous soyons brisés contre quelque écueil, nous ne cesserons d'errer sans boussole et sans gouvernail sur la vaste mer des opinions humaines.

C'est ce qu'au reste, instruit comme il l'était, disait-il, « par cette longue suite d'expériences faites à nos « dépens, » comprenait encore fort bien M. de Villèle en 1818, et comme nous, il reconnaissait alors qu'il n'y a contre le principe populaire de garanties, que dans un système d'institutions combiné de manière à en adoucir l'action.

Plus tard, quand le ministère qu'il dirigeait présenta la loi de septennalité, il donnait bien encore l'assurance « qu'il se proposait de compléter sur des principes fixes « l'organisation de ce qui restait dans un état provisoire. » Ce à quoi la chambre à laquelle il s'adressait, répondait par l'organe de sa commission, « qu'alors même que « nous vivions sous une monarchie légitime et tempérée, « notre système d'administration marchait cependant « sur des ressorts préparés pour une république usur- « patrice et despotique. » Mais on doit supposer que, de la part du ministère, ce langage n'était pas sincère, puisqu'à peine la loi fut-elle votée, que les paroles avancées pour l'obtenir furent oubliées, et que le 11 mai 1825, M. le ministre de l'intérieur signifia durement à la chambre des députés, que l'administra-tion impériale « était bien autre chose qu'un système, « que c'était le résultat forcé de la situation du pays, « et *qu'il était impossible de songer à y faire des change-* « *mens.* »

Après une telle déclaration, quel parti prendre? Le sort de la monarchie nous parut décidé, et nous ne pûmes, pour ne pas partager la responsabilité qu'il as-sumait sur lui, que nous éloigner d'un ministère in-fidèle à ses doctrines, en annonçant hautement les mal-heurs qui nous étaient réservés.

« En refusant au pays, lui disais-je dès 1826, les « institutions qui seules peuvent faire de la Charte une « réalité, vous nous condamnez à l'anarchie la plus dan- « gereuse de toutes, l'anarchie des intelligences ; « l'homme n'agissant, ajoutais-je, qu'en raison de ce

« qu'il croit, l'art de le gouverner se réduit pourtant
« en définitive à celui de le convaincre. »

. « La force des gouvernemens réside donc dans les
« doctrines; mais pour que les doctrines puissent s'éta-
« blir et se perpétuer, il faut qu'elles trouvent dans la
« constitution matérielle de la société des garanties de
« durée. A certaines doctrines se rapportent en effet
« certaines formes de gouvernement, et à ces formes de
« gouvernement, certains intérêts. Pour parvenir à la
« stabilité, nous avons besoin, disions-nous encore, de
« longues traditions, d'une jurisprudence administra-
« tive fixe, de lois dont les principes soient toujours
« hors de discussion. Or, il n'y a pour recevoir le
« dépôt de ces traditions, de cette jurisprudence et de
« ces lois, que des institutions qui soient elles-mêmes
« placées sous la sauve-garde d'intérêts constans, et
« qui se reproduisent à volonté; de telle manière que ces
« intérêts dominent l'ordre matériel de la société,
« comme les doctrines qu'ils garantissent en fixent
« l'ordre moral. Sans cela, ajoutions-nous, nous con-
« tinuerons de rester étrangers à toutes les conditions
« des gouvernemens connus, et passant incessamment
« d'une doctrine à l'autre, nous ne pourrons nous ap-
« puyer sur aucune. »

C'est cependant dans cet état effrayant d'isolement
qu'on crut pouvoir *pousser tout à coup la servitude.*

Le droit d'intervenir dans le gouvernement fut dénié
au pays; ce fut attenter à la prérogative royale que de
supposer que les ministres eussent besoin de majorités
dans les chambres. Commenter les impôts demandés,
voter les lois proposées; telles étaient les fonctions de
celles-ci. Au-dessus d'elles existait un principe monarchique, dont elles n'étaient qu'une émanation et auquel,

à raison de leur origine, elles restaient subordonnées. De là, l'interprétation large donnée à l'article 14 de la Charte.

Dans cet étrange système l'on n'oubliait qu'une chose, c'était, quand on faisait abstraction de toute loi constitutive, c'est-à-dire de toute société, puisque la société n'existe que par les lois qui la constituent ; c'était, dis-je, de nous apprendre quel était le principe de ce principe monarchique lui-même. Le droit divin? mais comment faire croire au droit divin, dans la disposition où étaient les esprits, et cependant, en définitive, ainsi que je l'observais à l'instant, gouverner, n'est-ce pas convaincre ?

On mettait donc aux prises les deux principes, dont la Charte n'avait pour objet que de régler l'action. Or, dans la lutte où l'on voulait aussi follement s'engager, il n'était que trop facile de prévoir quel serait le sort de la monarchie.

Aussi, dès 1826, avais-je signalé comme *certaine, imminente, inévitable* (telles étaient mes propres expressions), la catastrophe de 1830.

« Si déjà, observais-je, la voie qu'on persiste à nous « faire suivre nous a égarés, comment ne nous égare-« rait-elle pas encore? Je ne sais si je m'alarme hors de « propos ; mais il me semble voir déjà les nuages pré-« curseurs de l'orage. Conjurons-le, Messieurs, et « quand il en est temps encore, garantissons la légiti-« mité des dangers qui la menacent (1).

Il y a plus. Il me semblait voir déjà prodiguer au monarque les viles adulations dont il a été depuis l'objet,

______

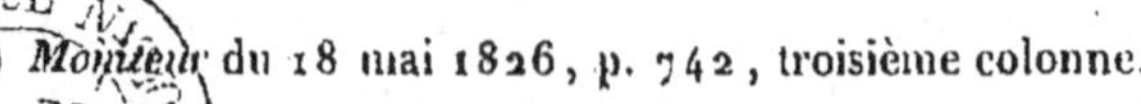

(1) *Moniteur* du 18 mai 1826, p. 742, troisième colonne.

et tourmenté comme je l'étais par mes sinistres pressen-
timens , je m'écriais avec douleur :

« Au lieu de flatter le pouvoir, servons-le , Messieurs,
« et servons-le fidèlement , car de mauvais temps se pré-
« parent. Au besoin , allons jusqu'à lui rappeler *com-*
« *bien il devient fragile dès qu'il s'écarte des conditions qui*
« *le garantissent , et à cet égard l'histoire nous offre de ter-*
« *ribles exemples* (je pensais à 1688), *conservons-en le sou-*
« *venir, Messieurs , et ne souffrons jamais qu'on sépare par*
« *des doctrines funestes ce que nous confondons dans notre*
« *amour, la royauté et la Charte* ; car dans l'état actuel de
« notre civilisation, il y aurait à la fin trahison contre
« l'une et contre l'autre (1).

Mais comment mes paroles n'eussent-elles pas été perdues, alors qu'on repoussait avec mépris les éloquens
conseils de l'illustre auteur de *la Monarchie selon la
Charte ?*

« Inutile Cassandre, disait-il en 1830, à la chambre
« des pairs , j'ai assez fatigué le trône et la pairie de mes
« avertissemens dédaignés. Il ne me reste qu'à m'asseoir
« sur les débris d'un naufrage tant de fois prédit. »

On n'en voulut pas moins suivre les mêmes voies ,
persévérer dans le même système , et l'on en vint à ce
point de fatiguer jusqu'à la docilité de la chambre de
1824 elle-même. Force fut donc de la dissoudre.

Dans mes prévisions de 1826, cette nécessité ne m'a-
vait point échappé. Je l'avais annoncée, mais en avouant
que je ne pouvais en considérer sans effroi les conséquences (*Moniteur, ibid.*).

Toutefois fûmes-nous rassurés par le résultat, dès
qu'il nous fut connu , des élections qui eurent lieu.

____

(1) *Moniteur* du 18 mai 1826, p. 742, deuxième colonne.

Le ministère avait seul pu se flatter qu'il lui serait favorable.

Mais au demeurant, nous devons le déclarer hautement, la chambre nouvelle se trouva composée d'élémens excellens et dont il eût été très-facile de s'arranger.

C'était certainement ce qu'il convenait de faire, et le bon sens le plus ordinaire indiquait qu'il n'y avait pas même d'autre manière d'agir praticable.

Que faire en effet? dissoudre cette chambre nouvelle pour recourir encore à d'autres élections?

Mais n'était-il pas évident que les choix deviendraient d'autant plus hostiles, qu'on croirait devoir employer plus fréquemment ce moyen violent.

Il importait donc au salut de la monarchie de s'entendre avec la chambre nouvelle.

On dut supposer d'abord que cette nécessité était sentie, car le ministère qui fut alors formé, offrait dans sa composition toutes les garanties de franchise et de modération qu'il était possible de désirer; aussi fut-il à création accueilli avec une faveur qui, dans nos provinces surtout, ne s'est plus démentie depuis.

Mais de nombreux incidens vinrent bientôt prouver qu'il n'avait été nommé qu'à regret, et qu'il ne jouissait ni ne pouvait se flatter de jouir plus tard, à la cour, de cette confiance qu'il eût pourtant été si indispensable qu'il possédât pour pouvoir l'inspirer lui-même.

Alors devint ostensible le but, jusque-là secret, que l'on se proposait. Les partis se préparèrent au combat; ce que les amis éclairés de la monarchie s'étaient plu à entretenir d'illusions s'évanouit.

Qu'on remarque en effet que, dans toute autre hypothèse que le projet de rompre ouvertement avec la chambre, la faveur éclatante et les encouragemens pro-

digués, au château, à l'opposition de droite, seraient
absolument inexplicables.

« Dans les circonstances difficiles, dit Montesquieu (1),
« les gens qui ont de la sagesse et de l'autorité s'entre-
« mettent ; on prend des tempéramens, on s'arrange,
« on se corrige ; les lois reprennent leur vigueur et se
« font écouter. Aussi, ajoute-t-il, toutes nos histoires
« sont-elles pleines de guerres civiles sans révolutions. »
Mais comme il s'agissait ici d'une révolution sans
guerre civile, on voulut, dès l'origine, porter tout à
coup les choses à l'extrême et placer le pays entre la légitimité d'une part, la révolution de l'autre, en ne lui
laissant aucune autre issue. Il ne pouvait donc être question ni de ces tempéramens, ni de ces arrangemens, ni
de ces corrections dont parle ici Montesquieu. On avait
tout, on voulut tout jouer sur une carte, et il fallut, bon
gré malgré, écarter ces gens qui, ayant de la sagesse et
de l'autorité, sont toujours, dit-il, disposés à s'entremettre.

Voici ce qui fut imaginé.

S'il est une vérité démontrée, c'est que dans un gouvernement représentatif il n'y a pas, sans majorité dans
les chambres, de ministère possible.

« Un avantage incalculable de la monarchie représen-
« tative, c'est, dit la Monarchie selon la Charte, d'ame-
« ner les hommes les plus habiles à la tête des affaires,
« de créer une hérédité forcée de lumières et de talens. »

« La raison en est sensible ; avec deux chambres, un
« ministère faible ne peut se soutenir. Les fautes rappe-
« lées à la tribune, répétées dans les journaux, livrées
« à l'opinion publique, amènent en peu de temps sa

____

(1) *Esprit des lois*, liv. V, chap. xi.

« chute. Il y aura donc changement tant que l'harmonie
« ne sera pas exactement établie entre les chambres et le
« ministère. Ce sont des eaux qui cherchent à prendre
« leur niveau, c'est un équilibre qui veut s'éta-
« blir (1). »

Or, le ministère de 1827, essentiellement constitu-
tionnel, reconnaissait ces vérités, et comme il était en
même temps préoccupé du danger qu'il y aurait à recourir à de nouvelles élections, toutes ses pensées se por-
taient sur la chambre qu'il importait tant de conserver.
Mais elle se divisait en deux fractions qui se balançaient
de manière à ce que dans l'état matériel où elle se pré
sentait il n'y eût pas de majorité, et conséquemment de
ministère possible. Quel parti donc prendre? Il n'y en
avait évidemment qu'un, dont les dispositions si mal-
adroitement et si gratuitement hostiles de l'extrême
droite faisaient d'ailleurs une impérieuse nécessité.
C'est ce dont on va juger.

Essentiellement conciliant et modéré, le ministère
nouveau avait pour toute espèce de mesure rétroactive
une répugnance telle, qu'il conservait dans leurs emplois
des hommes qui se montraient ouvertement ses ennemis.
Eh bien, ceux même qui devaient leur existence politique à cette longanimité, n'en tenaient aucun compte.
On le poussait à outrance, et on ne voulait pas voir
qu'avec des gens moins consciencieux et moins dévoués,
l'effet de ces rigueurs eût été de le porter à accepter de
la part de la gauche un appui que lui refusait si incon-
sidérément la droite.

Au reste, cette circonstance n'aurait été d'aucun poids
dans les déterminations arrêtées, que, par des considé-

____

(1) *Monarchie selon la Charte*, chap. XXIII.

rations d'un ordre beaucoup plus élévé, elles n'en eussent pas moins été prises.

La politique n'est que la connaissance des hommes et des choses ; or, depuis la restauration, et les hommes et les choses s'étaient singulièrement modifiés.

Le parti royaliste lui - même ne s'était pas toujours présenté sous les formes qu'il venait de revêtir.

Guidé naguères par des chefs habiles, il avait professé des doctrines généreuses, et arboré un drapeau que pouvaient avouer tous les amis de l'ordre. Comment, alors qu'il adoptait comme symbole de sa foi politique la monarchie selon la Charte, n'aurait-il pas trouvé des prosélytes partout où la véritable liberté était comprise ? Aussi, dès ce moment, l'esprit révolutionnaire commença-t-il à se calmer, et l'opposition à sentir la nécessité de rentrer dans les voies constitutionnelles. On en était même venu à ce point, qu'à quelques exceptions près, prises seulement dans l'extrême gauche, tout le monde parlait un langage commun, partait de principes communs ; et si l'on différait encore de sentimens, ce n'était que dans les applications à faire de ces principes.

Mais si les principes généraux étaient communs, les intérêts le devenaient également, et le premier de ces intérêts était incontestablement celui de mettre hors de toute discussion, et à l'abri de toute atteinte, la royauté constitutionnelle, c'est-à-dire la société considérée dans son unité.

Les choses une fois en cette situation, la fusion des partis prématurément essayée quelques années auparavant, se trouvait opérée.

Dans les deux côtés de la chambre se trouvaient des hommes également amis du pays, et voulant également

aussi en assurer, par des institutions sages, le repos et
la prospérité.

Ces hommes tendaient à un but commun, avouaient
des doctrines communes ; ils n'avaient donc pas besoin
de se concerter pour s'entendre.

On a parlé d'*alliances monstrueuses* ; mais d'alliances
proprement dites, et qui supposent des sacrifices mutuels ; il n'y en eut jamais.

A l'ouverture des sessions, on se donnait réciproque-
ment des témoignages de confiance, en portant ses suffrages sur des candidats présentés de part et d'autre.
Mais tout se bornait là, et il n'y a pas de délibération
qui ne prouve que chacun conservait et ses principes et
son indépendance. C'était même dans le centre droit,
(du moins jamais je n'ai fait partie de réunions qui
n'appartinssent à ce centre), un point toujours con-
venu avant de se réunir (1).

Les rapprochemens qui avaient lieu tenaient donc au
progrès naturel des choses.

Ce fut cependant contre ce progrès, ou plutôt contre
la disposition des esprits dont il n'était que le résultat,
qu'on prétendit lutter.

Mais la grande réconciliation s'opérait sur le terrain
de la Charte. Il fallut donc en chercher un autre, et l'on
fut conduit à celui de la monarchie pure.

---

(1) Qu'il n'y ait jamais eu dans la droite d'opposition systématique, c'est
ce qu'atteste, comme je viens de le dire, le nombre constamment variable
de boules noires trouvées à chaque dépouillement de scrutin. Les députés de
la *défection* votaient, suivant leur conviction, ensemble ou séparément,
tantôt avec la droite, tantôt avec la gauche. On se rappelle que, dans ce
dernier cas, la *défection* trahissait la *trahison* (la gauche). C'était ainsi que
s'exprimaient les journaux du parti de la violence qui, d'ailleurs, ne se
traitaient pas mieux entre eux qu'ils ne traitaient les députés qui avaient le
malheur de leur déplaire.

C'est de là qu'on prodigua les injures à tout ce qui ne suivit pas ce déplorable mouvement.

Le ministère qui, par son esprit de sagesse et de conciliation, essayait de réparer les fautes commises, et voulait, en nous donnant les institutions tant de fois annoncées, accomplir enfin les promesses de la restauration, était tous les jours dénoncé comme livrant par de funestes concessions la France à la révolution; et quant aux amis politiques qui l'appuyaient, les mots de transfuges, de renégats, étaient insuffisans pour bien rendre l'horreur dont ils étaient l'objet. On imagina de les confondre sous la dénomination de parti de la défection; car les passions politiques sont toujours ingénieuses à inventer des termes qui en imposent aux niais et effraient les lâches.

Ainsi les mêmes hommes qui pensaient qu'on devait garder la foi promise, qu'on était lié par les doctrines à l'aide desquelles on était parvenu au pouvoir, et qu'on ne pouvait sans honte passer des principes de la monarchie constitutionnelle à ceux de la monarchie pure, appartenaient, quelque diverse que fût d'ailleurs la nuance de leurs opinions, au parti de la défection.

C'était dire que la fidélité consistait à fausser sa parole, et à déserter ses drapeaux.

Restait cependant une petite difficulté; c'est que parmi ces francs juges, ces renégats contre lesquels on ne pouvait soulever trop de ressentimens, se trouvaient des hommes dont la vie entière n'était qu'un acte non interrompu de dévouement à la dynastie régnante, et qui pour la servir s'étaient sacrifiés de manière à ce que les romans offrent seuls des exemples d'un tel désintéressement, et d'une semblable abnégation. Mais l'esprit de parti a-t-il jamais reculé devant l'absurde? Dès l'in-

stant donc qu'ils se refusaient à admettre que le principe monarchique justifiait tout, on se considérait, par
cela seul, comme autorisé à les signaler comme traîtres,
et on avait à sa disposition dans ce dessein, d'honnêtes
journalistes, qui s'acquittaient à qui mieux mieux de
cette honorable mission; leurs estimables feuilles étaient
ensuite commentées dans nos départemens par de braves
gens, dont on pouvait d'autant moins récuser l'autorité,
que presque tous avaient montré, dans le cours de notre
révolution, autant de sagesse que de prévoyance.

Au lieu de s'aventurer, comme les hommes de la défection, à se compromettre, pendant les temps difficiles,
par d'imprudentes démarches, ils avaient eu grand soin
de ne paraître qu'occupés de leur bien-être et de la
conservation de leurs fortunes.

De là, les bonnes habitudes qu'ils avaient de longue
main contractées de ne songer qu'à eux.

De là encore, cette admirable attention qu'ils n'avaient
pas un instant cessé d'apporter à exploiter à leur singu-
lier bénéfice toutes les situations auxquelles ils avaient
eu, depuis la restauration, l'occasion de s'élever.

De là enfin, le parti qu'une longue expérience leur
avait appris qu'on pouvait tirer des principes monar-
chiques.

Il était donc naturel, ne fût-ce que par reconnaissance,
qu'ils s'en avouassent les chevaliers.

Quelque belle que pût être cette nouvelle chevalerie,
et quelque touchans que dussent paraître les sentimens
de gratitude auxquels on la devait, elle ne fit cependant
point, ainsi qu'on ne se le rappelle que trop, fortune
dans le pays.

Dès que parut, au contraire, le ministère chargé de
mettre le principe monarchique en action, il sembla,

pour me servir des expressions de l'un des membres les plus recommandables de la Chambre des députés, que nous fussions *menacés d'une nouvelle invasion* (M. le marquis de Cordoue).

Cette consternation ne fut malheureusement que trop légitime, et il y avait même ici de compromis quelque chose de bien plus précieux encore que le territoire.

Avant de la violer dans son texte, on attaquait dans son esprit la loi fondamentale, et les ennemis qui la menaçaient étaient certainement les plus dangereux qu'elle pût trouver ; car qu'y a-t-il de plus redoutable que l'incapacité dévouée et cette sorte de fanatisme stupide qui en est le résultat ?

Dès qu'on la vit s'emparer des affaires, l'horizon politique ne se montra plus que sous un aspect effrayant.

Créé en opposition à toutes les conditions du gouvernement représentatif, le ministère nouveau eut, dès son origine, ou plutôt à raison de son origine, le sentiment de sa faiblesse, et il fallut que, pour faire illusion, il affectât de paraître violent.

Le plus simple bon sens lui eût indiqué de prendre, en agissant sur-le-champ, le pays au dépourvu ; mais la résolution lui manquait.

D'ailleurs, il arrivait là ce qui aura toujours lieu dans des conjonctures semblables.

Renverser à son profit les institutions d'un peuple libre sera toujours, grace au ciel, une entreprise hasardeuse ; et si le prince est incapable de la concevoir et de la diriger lui-même, il n'en recueillera point les fruits. Les brouillons se jetteront au travers, et dès lors il n'y aura, ni unité dans les vues, ni hardiesse dans les résolutions, ni rapidité dans les mesures ; les projets se croisant et se contrariant sans cesse, tout échouera par la multiplicité des agens et l'incohérence des moyens.

C'est que le pouvoir absolu se prend, mais qu'on ne le reçoit jamais, à moins que ce ne soit, comme en Danemarck, le pays qui le donne.

Or ici, non-seulement le monarque était incapable de le prendre, mais il n'osait pas même mettre en évidence les conseillers qui le dirigeaient dans cette périlleuse entreprise.

Quant à son ministère, on put, jusque dans les modifications successives qu'il reçut, suivre l'influence de la misérable coterie qu'il lui fallait subir.

Si les ministres n'eussent été des instrumens aveugles dans la main de quelques furieux, on ne pourrait concevoir qu'ils eussent pu prendre plaisir à irriter incessamment et sans motif une population alors sage, laborieuse, fidèle, et qui, malgré les efforts des agitateurs, ne demandait qu'à jouir en paix des fruits de son industrie. Etait-ce donc pour la récompenser de l'amour dont elle venait si récemment encore de donner au monarque de si touchans témoignages, qu'on semblait se faire un jeu de l'outrager dans ses sentimens, de la blesser dans ses sollicitudes, et de la défier jusque dans l'exercice de ses droits les plus sacrés?

Mais, comme la frayeur que devaient exciter chez le prince les dispositions qu'elle manifesterait était le ressort principal de l'intrigue imaginée pour le décider aux mesures de violence, il fallait à tout prix la rendre hostile, et c'est même ce qu'il est nécessaire de ne pas perdre de vue, si l'on veut se rendre un compte exact de ce qui se passa dans la chambre élective lors du vote de l'adresse qui servit de prétexte à sa dissolution.

Que cette adresse exprimât en termes respectueux les conditions réelles du gouvernement représentatif, c'est ce qu'on ne saurait nier ; qu'en faisant parvenir la vérité jusqu'au trône, la chambre satisfît à une obligation rigoureuse ; personne de nous, que je sache, n'a tenté de soutenir le contraire, et cependant nous blâmâmes hautement, plusieurs de mes amis et moi, le parti tranchant auquel on voulait s'arrêter.

C'est que nous apercevions le piège qui nous était tendu.

La coterie qui dominait alors et le monarque et son conseil voulait tout porter aux dernières extrémités, et nous voyions clairement que la dissolution de la chambre n'était que le prélude des mesures auxquelles il était décidé qu'on aurait recours plus tard.

Mais encore fallait-il des prétextes pour motiver aux yeux du prince la détermination prise, et c'était pour amener la chambre à les fournir qu'on imagina de l'outrager dans le discours de la couronne.

Assurément rien dans ses actes n'avait pu autoriser les menaces dont elle fut alors l'objet.

Mais ceci même ne parut qu'une circonstance favorable.

On se flattait, non sans raison, que, blessée par une injure toute gratuite, la chambre répondrait de manière à prouver qu'elle l'avait vivement sentie.

Or, les choses amenées à ce point, le but qu'on se proposait ne se trouverait-il pas atteint ?

Quoi de plus facile en effet que de persuader alors au prince que, sa prérogative étant compromise, sa dignité ne lui permettait plus d'hésiter dans le choix de ses moyens ?

Le roi ne doit pas céder : telle fut, quand, en définitive, il ne s'agissait que d'un simple changement de ministère, la formule puérile sous la protection de laquelle on crut pouvoir engager cette lutte funeste dont l'issue ne pouvait être douteuse, et dont il était si pressant de conjurer le danger (1).

Que la chambre ne répondît que d'une manière digne d'elle, et qu'elle fît entendre toutes les vérités qu'il lui appartenait d'exprimer, c'est ce sur quoi il ne pouvait y avoir de dissentiment.

Mais comme on ne cherchait ici que des prétextes aux violences projetées, nous pensâmes qu'il importait surtout de n'en fournir aucun.

Or, un amendement proposé par M. de Lorgeril, député d'Ille-et-Vilaine, nous semblait satisfaire à ces conditions réunies.

Combien les événemens survenus depuis ne sont-ils pas propres à faire regretter que les changemens qu'il contenait n'aient point obtenu l'approbation de la chambre !

Il ne différait de l'adresse votée que par la forme, avait sur elle le mérite de la concision, et était conçu en termes tellement mesurés, que le reproche si niais du refus de concours dont on a fait tant de bruit, et qui pourtant ne se posait sur rien de réel, n'aurait pas pu même être allégué.

Qu'on ne m'objecte point ici la nécessité de renverser le ministère, car qui n'avait pas la conviction que quelques jours de discussion le tueraient? et c'est ce dont au reste ne pouvait laisser douter l'embarras seul de son attitude depuis l'ouverture de la session.

(1) Rien de plus absurde que la conduite de l'extrême droite dans cette circonstance.

Parvenue au pouvoir par suite d'une adresse au moins aussi violente que celle qui lui faisait jeter de si hauts cris, elle avait alors trouvé fort bon que le roi (Louis XVIII) cédât.

(30)

Le ministère une fois changé, la chambre était conservée, et par l'entraînement seul des choses, on se trouvait conduit à chercher dans la majorité les élémens de l'administration nouvelle.

C'est-à-dire que tout reprenait son cours naturel, et qu'on rentrait dans les véritables conditions du gouvernement représentatif.

Mais dès-lors les libertés légales cessaient d'être en péril, l'irritation se calmait, et, les agitateurs, s'il y en avait, perdant tout moyen d'action sur les esprits, le pays redevenait ce qu'il s'était montré sous le ministère précédent, fidèle et dévoué.

Malheureusement la Providence en avait autrement ordonné, et la restauration que nous nous étions plu à considérer comme le terme de notre révolution, ne devait en être qu'un épisode. Il fallait que pour nous d'autres destinées s'accomplissent, et, chose étrange, c'était dans les rues et les carrefours qu'elles devaient être fixées.

Quels pouvoirs intermédiaires auraient en effet pu s'entremettre? Il n'en existait aucun, et, pour me servir des expressions de M. de Villèle, la France ressemblait à une table rase (1).

Toutefois il faut être juste, nous devions à la révolution elle-même une institution précieuse, et qui en 1830 eût pu, comme en 1814 et 1815, nous rendre d'éminens services, c'était celle de la garde nationale parisienne.

Eh bien, quoiqu'en définitive cette garde ne fût que la propriété armée pour le maintien de l'ordre public, et que tous les officiers en fussent à la nomination du

<hr>

(1) *Moniteur* du 5 avril 1818, p. 423.

roi , nous en étions à l'égard du pays venus à ce point de ne pouvoir en supporter l'existence.

Ainsi au moment où nous nous trouvions, par le défaut d'institutions secondaires, livrés à l'ascendant tout puissant de la capitale, et qu'il était conséquemment si pressant de nous ménager la faveur de son immense population, nous n'avons pas craint de nous l'aliéner à jamais par une de ces mesures dont on ne peut pardonner l'outrage (1)

Le licenciement de la garde nationale parisienne est donc, sous quelques rapports qu'on le considère, un acte insensé ; et je suis convaincu que, s'il n'eût point eut lieu, la dynastie tombée serait encore sur le trône.

Au reste, cette faute se rattache au système si malheureusement adopté et si constamment suivi depuis 1814.

Nous en avons fait observer le progrès et nous avons vu la restauration ne cessant de lutter contre les conséquences du principe populaire, ne pensant cependant jamais à en atténuer l'action par le moyen des institutions.

Ses alarmes la rendant au contraire de plus en plus impatiente d'écarter tout ce qui aurait pu lui faire obstacle, elle imagina qu'il n'y avait de salut pour elle que dans un pouvoir sans contre-poids, et de là , ses efforts pour ajouter sans cesse à cette centralisation que ses

______

(1) M. de Villèle disait en 1818 :

« Il faut aussi s'abonner à rester exposé à toutes les révolutions que les « audacieux pourraient tenter à Paris ; car, lorsque rien ne peut se faire, « d'un bout de la France à l'autre, que d'après la direction et les ordres de « Paris , la faction ou l'usurpation qui se rendent maîtres de Paris, se ren- « dent, par ce seul fait, maîtres de la France entière. »

Et c'est M. de Villèle qui a conseillé le licenciement de la garde nationale parisienne.

ministres lui assuraient être le *résultat forcé de la situation du pays*.

C'est par cette voie qu'elle est insensiblement parvenue à s'isoler de tout intérêt positif, et que la royauté constitutionnelle a fini par s'effacer, pour ne nous laisser à sa place que ce qu'on appela le principe monarchique, c'est-à-dire un véritable être de raison.

Mais passant ainsi du domaine de la politique à celui de la métaphysique, il fallut bien subir les inévitables conséquences de cette transition ; aussi avons-nous vu pendant plus de deux ans les propositions les plus périlleuses livrées chaque soir à l'examen d'une nation essentiellement sceptique, et par cette inimaginable imprudence, la société remise, comme sous les Stuarts, toute entière en problême.

Enfin, après en avoir bien ébranlé tous les fondemens, bien soulevé toutes les passions, on se met un beau matin en campagne, et il n'est question que de renverser d'un seul coup l'édifice de nos lois.

Quelles sont les armes sur lesquelles on a compté pour s'attaquer à la fois à ce qu'il y a de plus impétueux et de plus sacré parmi les hommes ?

C'est le principe monarchique, c'est-à-dire une pure abstraction, qui doit tout renverser.

Assurément, aux yeux de tout homme sensé, l'issue du combat ne pouvait être douteuse.

Qu'à la suite d'une longue et intolérable anarchie on accepte la puissance du sabre comme le seul moyen d'en sortir, cela se conçoit.

Mais était-ce le cas, après les quinze années de paix et de liberté que nous devions à la restauration ?

Il n'était donc pas jusqu'à ses propres bienfaits, qui

ne dussent tourner contre son entreprise, également
coupable et insensée.

Enfin, grace à l'incroyable incapacité de ses agens,
la révolution de juillet est aujourd'hui un fait accompli ;
en attendant qu'elle se modifie, comme tous les faits de
même nature, par les événemens mêmes qui doivent en
naître, nous ne pouvons que chercher à apprécier, sous
ses rapports moraux, la situation dans laquelle elle a
placé le pays, pour essayer ensuite de reconnaître et de
déterminer les devoirs que nous sommes maintenant ap-
pelés à remplir. Tel est l'objet de la deuxième partie de
ce petit travail.

DEUXIÈME PARTIE.

QUELQUE fâcheuse que puisse être cette situation ; elle était cependant, la révolution de juillet une fois donnée, chose facile à prévoir. Le 6 juin 1829 (*Moniteur* du 7), je disais « que nous étions depuis quinze ans fa-« tigués d'une lutte qui ne pouvait avoir d'autre résul-« tat que de nous exposer alternativement à des dan-« gers toujours opposés. »

« Dans une société en poussière, ajoutais-je, succèdent « naturellement en effet aux imprudences d'un pouvoir « sans guide *les exigences bien autrement fâcheuses* d'une « démocratie sans frein ; et comment calculer, quand les « institutions qui devraient *la régler manquent, la force* « *de ce ressort ?* »

Nous voyons cette force se manifester aujourd'hui, et comme l'action dans un sens a été portée jusqu'à l'extrême, ne devons-nous pas redouter que la réaction dans l'autre ne parvienne aussi jusqu'à son dernier terme ? les oscillations du pendule ne sont-elles pas toutes égales ?

Il n'est donc que trop naturel d'être effrayé de l'avenir.

Toutefois convient-il d'observer que ce qui était possible il y a quarante ans, ne le serait plus aujourd'hui. « Pour faire des révolutions, disais-je (toujours le 6 juin

« 1829); il faut des doctrines ; et le fond de celles qui
« ont fait la nôtre est maintenant sans crédit. On ne
« croit plus à la souveraineté du peuple. » (*Moniteur* du
7 juin.)

Etais-je dans l'erreur ? voici ce que je lis dans le *Globe*
du 24 février 1831, journal dont l'opinion n'est assurément pas suspecte.

« Tous les principes révolutionnaires ou libéraux ne
« sont que des élémens de bouleversement et de ruine.
« S'ils étaient appliqués dans toute leur pureté, leur
« effet serait de dissoudre la société, de briser toute
« unité, toute subordination, tout lien, toute confiance ;
« de faire de chaque individu une cité, un état isolé.

« C'est ainsi, par exemple, que le dogme de la sou-
« veraineté du peuple, n'est rien autre chose que la né-
« gation pure et simple de tout gouvernement digne de
« ce nom, etc., etc., etc. »

Ce qu'il y a de bizarre, c'est que les mêmes personnes
qui semblent vouloir faire revivre ce dogme usé, n'en
affectent pas moins, pour le gouvernement représentatif, une tendresse dont ce serait leur faire injure que
de douter. Cependant il y a incompatibilité, et c'est
ce que leur démontre parfaitement Rousseau leur
maître (*Contrat Social*, livre IIIe chapitre xv,).

« La souveraineté ne peut être représentée, dit-il,
« par la même raison qu'elle ne peut être aliénée ; elle
« consiste essentiellement dans la volonté générale, et
« la volonté ne se représente point : elle est la même ou
« elle est autre, il n'y a point de milieu. Les députés du
« peuple ne sont donc ni ne peuvent être ses représen-
« tans ; ils ne sont que ses commissaires, ils ne peuvent
« rien conclure définitivement. Toute loi que le peuple

« en personne n'a pas ratifiée est nulle, ce n'est point
« une loi. »

Il n'y a rien à objecter contre la justesse de cette in-
duction, et il est bien certain qu'une fois le dogme de la
souveraineté du peuple admis, il n'y a plus de gouvernement représentatif possible, pas même, comme aux
États-Unis, avec des formes républicaines.

Que dans cette hypothèse il ne soit également plus
question de classes supérieures, de classes inférieures,
de classes moyennes. Entre des individus qui font tous
au même titre partie du souverain, ou plutôt dont chacun est lui-même souverain, il n'y a point de distinctions
à faire. Il ne s'agit plus de peser, mais seulement de
compter des suffrages, et encore, quand cette opéra-
tion matérielle sera terminée, nous n'en serons pas plus
avancés ; la volonté étant de sa nature inaliénable ; c'est
le principe, elle ne peut jamais se trouver engagée.
Toute notion de devoir et d'obéissance s'efface donc,
et il ne reste, comme moyen de gouvernement, que la
force seule, abstraction faite de toute autorité morale.

Arrivées à ce terme, les nations offrent le plus affli-
geant des spectacles. On les voit, au mépris des lumières
de leur raison, sacrifier tout ce que leur conscience leur
avait jusques-là appris à considérer comme élevé, noble
et généreux, à des doctrines insensées. « Le peuple n'a
« pas besoin, dit Jurieu, de raison pour valider ses
« actes. » Alors pourquoi rechercher l'estime des gens
de bien ? Une vaine popularité devient le mobile unique
de nos actions, et nous rétrogradons en pleine connaissance de cause et à grands pas dans les voies de la
civilisation. C'est ce qui nous est arrivé lors de notre
première révolution.

(37)

« Nos troubles, dit M. Benjamin Constant (1), ayant
« introduit dans le gouvernement une classe sans lu-
« mières et découragé la classe éclairée, *cette nouvelle*
« *irruption des barbares produit cet effet.* »

Cela est vrai; mais à quelle cause rapporter nos
troubles eux-mêmes? Voilà ce qu'il nous importait de
savoir, et ce que ne nous dit cependant pas M. Benjamin Constant.

Au reste, des événemens malheureusement bien
récens se sont chargés de parler pour lui.

A peine a-t-on essayé de ranimer parmi nous le dogme
de la souveraineté du peuple, que nous avons été en proie
à de nouvelles irruptions de barbares. Nos temples ont
été profanés, les objets de notre vénération outragés,
nos propriétés publiques et privées livrées au pillage, les
ministres de nos autels proscrits, notre garde nationale
insultée, et, ce qui ne s'était pas encore vu, même dans
les temps les plus désastreux de notre première révolution, le droit des gens ouvertement violé.

Ce sont cependant des actes d'une telle nature, qu'au
lieu de flétrir comme on le doit par les qualifications
qu'ils méritent, on ne craint pas de qualifier à la tribune de manifestation de l'opinion publique (2); et les
orateurs qui s'expriment ainsi, prétendent en même
temps que nous devons soutenir nos principes à l'é-
tranger, afin que plus tard on ne vienne pas les comprimer chez nous (3).

Mais si les émeutes peuvent être considérées comme
manifestation de l'opinion publique, il en résulte qu'elles
deviennent par cela même un des élémens obligé du

(1) *De l'Esprit de conquête et de l'usurpation*, pag. 96.
(2) Discours de M. de Lafayette en février 1831.
(3) *Ibid.*

gouvernement représentatif, qui n'est que le gouvernement de cette opinion.

Ensuite, si notre honneur nous fait un devoir de soutenir nos principes partout où ils surgissent, nous voici
tout-à-fait à la discrétion des associations mystérieuses
qui se sont donné mission de les propager, et forcés de
porter nos armes sur tous les points où ces associations
voudront les appeler, c'est-à-dire que dévorés dans l'intérieur par une épouvantable anarchie, nous serons cependant encore en guerre avec toute l'Europe.

Or, on conçoit très-bien que, dans un tel état de
choses, des moyens ordinaires de gouvernement soient
insuffisans. Aussi nous parle-t-on déjà d'une nouvelle
Convention et de nécessités, qui pourront même devenir
si pressantes, qu'on en sera probablement réduit à demander au pays son dernier homme et son dernier
écu (1). En d'autres termes, on nous offre la tyrannie
comme dédommagement de notre ruine.

Nous convenons que plus tard on a essayé de revenir
sur la franchise de ce langage et d'adoucir ce qu'offre de
repoussant le mot seul de Convention ; mais outre que la
valeur en est à jamais fixée par l'histoire, les amis de
l'orateur prenaient soin de développer sa pensée, au
moment même où il cherchait à la modifier. Méprisant
toute espèce de ménagement, à la cour d'assises, comme
dans les journaux, ils avouaient hautement les actes de
cette terrible assemblée qui a, ce sont les expressions de
l'un d'eux, « fécondé le germe de toutes les grandes
« pensées politiques, et qui s'en est allée quand elle
« l'a voulu, triomphant et abdiquant au bruit du canon
« de vendémiaire (2)! » (Conspiration républicaine.)

(1) Discours de M. Odilon-Barrot dans la séance du 7 mars 1831.
(2) M. Cavaignac.

Un autre (1) considère ses actes comme les effets d'une inexorable fatalité : « Chaque temps a sa mission, « s'écrie-t-il ; celle de 1793 était terrible, mais sublime « dans ses effets. »

Enfin un troisième déclare que, dans ses transformations successives, le parti de la révolution *est un, qu'il a profité de tous ses antécédens, qu'il n'en répudie aucune, et que crime ou gloire il l'accepte* (2).

Je ne sais si les personnes qui entendent ainsi *le mouvement*, se font une idée bien juste de celui qui a été imprimé à nos esprits par les progrès de la civilisation ; mais ce qu'il y a de certain, c'est qu'à peine nous sommes-nous sentis envahis de nouveau par leurs doctrines, qu'une sorte d'instinct nous a avertis que nous nous éloignions des conditions auxquelles il est permis aux nations d'exister. La confiance a disparu, les capitaux se sont resserrés, le commerce a été frappé de mort, et le crédit public, qui avait d'abord résisté à l'ébranlement causé par les événemens de juillet, s'est ensuite, au sein même d'une paix profonde, déprécié avec une rapidité accablante, et ce qu'il y a de merveilleux, c'est que ces symptômes qui, à mesure que le pouvoir semblait incliner vers *le mouvement*, devenaient de plus en plus alarmans, ont à peu près cessé depuis le ministère de M. Casimir Périer. En 1831 comme en 1829, la raison publique repousse donc tout ce qui est extrême.

On aurait au reste pu pressentir ce qui arrive, si l'on avait bien voulu se rappeler une observation qui nous a été faite il y a déjà dix-sept ans par M. Benjamin Constant.

« Le peuple le plus attaché à sa liberté dans les temps

(1) M. Trélat. (Conspiration républicaine.)
(2) *National* du 20 avril 1831.

« modernes est aussi, disait-il alors, le peuple le plus
« attaché à ses jouissances, et il tient à sa liberté, sur-
« tout parce qu'il est assez éclairé pour y apercevoir la
« garantie de ses jouissances (1). »

Ce n'est donc, ni pour répéter éternellement des expériences politiques depuis long-temps faites, ni pour
aller à leurs risques et périls redressant tous les torts
qu'on aura la fantaisie de leur dénoncer, que les hommes
se sont formés en société. Assurer leur bien-être, le développement progressif de leurs facultés, tel est le seul
but qu'ils aient pu se proposer, et quant aux voies à
suivre pour l'atteindre, ils ont dû s'en rapporter à leur
propre raison du soin de les leur indiquer; mais des
choix de cette nature supposent à la fois indépendance, lumières; M. Benjamin Constant a donc eu
raison d'observer que les peuples éclairés voient dans
leur liberté la garantie de leurs jouissances, et que c'est
surtout par cette considération qu'ils y tiennent.

Maintenant, qui ne s'aperçoit qu'en parlant de la
raison des peuples éclairés, nous abordons les régions
de leur intelligence, et que nous sommes conséquemment transportés de l'ordre matériel à l'ordre moral
des sociétés?

Nous pouvons alors nous faire une idée juste du véritable caractère de la loi, qui est, suivant Montesquieu,
d'exprimer les rapports qui dérivent de la nature des choses;
ce dont il résulte que celui qui a créé les choses est en
définitive le suprême législateur, et nous comprenons
parfaitement M. Guizot quand il nous enseigne que « le
« souverain, seul légitime, éternellement et par sa na-
« ture, c'est la raison, la vérité, la justice, ou pour par-

____

(1) *De l'Esprit de conquête et de l'usurpation*, page 107.

« ler un langage plus philosophique, c'est l'être immua-
« ble de qui la raison, la justice et la vérité sont les
« lois. » (Traité de philosophie politique, *Globe* 1826.)

Nous concevons encore que « Dieu est souverain parce
« qu'il est infaillible, parce que sa volonté comme sa
« pensée est la vérité, rien que la vérité, toute la vé-
« rité. » (*Ibid.*).

Enfin, nous admettons avec le Globe, du 30 jan-
vier 1828, « que le pouvoir absolu ne change point de
« nature parce qu'il est exercé par le peuple ou au nom
« du peuple. » Et comment en effet cette circonstance
pourrait-elle en rien altérer la vérité des choses ?

Quant à la royauté souveraine de droit divin, il y a
long-temps que Bossuet a posé en principe que « Dieu
« est le vrai roi, que son empire est éternel, qu'il est
« absolu, et que la loi est toujours réputée avoir une
« origine divine. » (Politique sacrée, livre II, art. 1,
1ʳᵉ proposition, et livre Iᵉʳ, art. iv, 7ᵉ proposition.)

Aussi, dans son dernier ouvrage, M. de Château-
briand dit-il : « Moi, je ne crois point au droit divin. » Il
ajoute : « Mais je ne crois pas davantage à la souverai-
« neté du peuple (1). » Et dans son discours du 7
août 1830, à la chambre des pairs, il appelle cette souveraineté « une niaiserie de l'ancienne école qui prouve
« que sous le rapport politique nos vieux démocrates
« n'ont pas fait plus de progrès que les vétérans de la
« royauté. »

C'est cependant cette niaiserie de l'ancienne école
qu'on voudrait bien pouvoir rajeunir ; mais comment
s'en autoriser ouvertement, souillée comme elle l'a été
par tant de crimes commis en son nom ? On se déguise

______

(1) *De la Restauration et de la monarchie élective*, page 43.

donc, on s'enveloppe de nuages, et ce n'est plus la souveraineté du peuple, mais la souveraineté nationale qui est mise en avant. Ici, il faut s'entendre et fixer ses idées.

Si par souveraineté nationale vous voulez dire que les gouvernemens, institués seulement dans l'intérêt des peuples, doivent entretenir avec eux des rapports tellement intimes qu'ils semblent animés du même esprit, mus par les mêmes doctrines et soumis à la même direction; que tout soit disposé de manière à ce que l'appréciation des rapports, dont l'expression forme la loi, appartienne aux intelligences les plus capables de les saisir, et qu'au moyen d'institutions sagement combinées, tous les intérêts soient si bien représentés, et la vérité si évidemment manifestée, qu'en définitive les peuples reconnaissent qu'ils n'ont pour souverain véritable que leur raison constamment éclairée par les lumières d'une civilisation progressive;

Si, dis-je, par souveraineté nationale vous entendez toutes ces choses, assurément nous sommes d'accord.

Dans ce système, en effet, la force sera soumise à l'intelligence, les passions réprimées par la raison, et la loi, l'expression, non d'une prétendue volonté générale, qu'il n'y a pas même moyen de recueillir pure, mais de rapports réels, puisqu'ils dériveront de la nature même des choses.

Que pourrions-nous demander de mieux? Quant aux règles des jugemens qu'ils ont à porter, les hommes en ont toujours deux à leur disposition : d'abord les notions du juste et de l'injuste déposées par Dieu dans leurs consciences, ensuite l'expérience qu'ils sont à chaque instant à portée de faire des choses. Comme en résultat il n'y a que le vrai qui dure, c'est au temps à les éclairer. Sous ce rapport, le temps est le premier des législateurs, et il n'en est même aucun qui parle plus fortement que lui à l'imagination des peuples.

« J'ai pour le passé, je l'avoue, dit M. Benjamin
« Constant, beaucoup de vénération, et chaque jour, à
« mesure que l'expérience m'instruit ou que la réflexion
« m'éclaire, cette vénération augmente. Je le dirai au
« grand scandale de nos modernes réformateurs, si je
« voyais un peuple auquel on aurait offert les institu-
« tions les plus parfaites, et qui les refuserait pour
« rester fidèle à celles de ses pères, j'estimerais ce peuple
« et je le croirais plus heureux par son sentiment et
« par son ame, sous ses institutions défectueuses, qu'il
« ne pourrait l'être par tous les perfectionnemens pro-
« posés (1). »

On ne peut rien dire de plus sensé ; maintenant tâchons de bien préciser ce qui dans le passé, dont parle ici M. Benjamin Constant, est l'objet de sa vénération.

S'il approuve que les peuples restent fidèles aux institutions de leurs pères, ce ne peut être à raison de ce qu'elles auraient cessé d'être en rapport avec leurs mœurs, car vieillir dans ce sens, ne pourra jamais être considéré comme motif de préférence ; mais c'est que soumises à l'épreuve du temps elles y ont résisté et qu'elles sont conséquemment vraies, du moins relativement, puisque, ainsi que nous l'observions à l'instant, il n'y a en résultat que le vrai qui dure. C'est donc à ce caractère de vérité, qu'il n'appartient qu'au temps d'imprimer aux institutions humaines, que M. Benjamin Constant rend ici hommage, et il voit dans l'assentiment des peuples, proclamé par les siècles, un principe d'autorité qu'il ne peut être permis de méconnaître.

____

(1) *De l'Esprit de conquête et de l'usurpation*, page 89.

Mais cet assentiment des peuples attesté par le temps,
cette volonté des nations qu'il dégage de tout ce que
dans l'origine elle pouvait avoir d'impur, n'est-ce pas
ce que nous nommons légitimité?

Je sais qu'alternativement les *vétérans de la royauté et
de la démocratie* ont, dans des vues différentes, affecté
de confondre la légitimité avec le droit divin ; mais il y
a entre ces deux choses la distance qui sépare une chose
réelle d'une véritable chimère.

Fille des siècles, la légitimité n'appartient pas plus à
une forme de gouvernement qu'à une autre, et tout ce
qui a été consacré par la vénération des peuples, les
libertés comme le pouvoir, est légitime au même titre.
Aussi, dans la séance du 2 mars 1825 (*Moniteur* du 3,
page 305), parlais-je de la société « comme d'un fais-
« ceau de légitimités de divers ordres, mais qui se coor-
« donnent et s'appuient mutuellement. »

« Ne faut-il donc, disais-je encore, aux amis de la ré-
« volution, comme aux peuples de l'Orient, qu'une seule
« légitimité ? »

On voit que, préoccupé, comme je l'étais alors, des
intérêts que j'avais à défendre, j'oubliais de joindre aux
amis de la révolution, c'est-à-dire aux sectateurs de la
souveraineté du peuple, ceux de la souveraineté de
droit divin ; et j'avais tort, car, n'admettant tous ensemble qu'une seule légitimité, ils ne font les uns et les
autres qu'établir un despotisme dogmatique, ceux-ci au
profit d'un seul, et ceux-là, ce qui est encore plus fâ-
cheux, au profit de la multitude.

Dès l'instant qu'on regarde la société comme un système de légitimités qui se coordonnent en se balançant,
on conçoit aussi que ses sollicitudes se portent incessamment sur celles qui lui paraissent en péril ; l'ordre dé-
pendant en effet de l'équilibre établi entre les pouvoirs

institués, rien n'importe davantage que de faire rentrer dans ses véritables limites celui d'entre eux qui viendrait à s'en écarter.

C'est ainsi qu'on comprend très-bien que, la royauté ayant tenté d'exercer seule la souveraineté qui n'appartenait qu'à la réunion des trois pouvoirs, cet acte d'usurpation ait paru devoir être immédiatement réprimé; mais ce qui ne se conçoit plus aussi bien, c'est qu'on ait pu, par l'effet de cette répression, se croire autorisé à soutenir qu'en tombant, Charles X dût entraîner les chambres dans la chute.

Qui ne voit que, après les événemens de juillet, elles se trouvèrent précisément dans la situation où ceux de 1814 placèrent la royauté, et que, comme celle-ci, elles dûrent également pourvoir à la sûreté du pays?

Le fait est que, comme il n'y a point de société sans pouvoir, le pouvoir se déplace, mais ne s'anéantit jamais, et que si, par la force des choses, il se dissout d'un côté, ce ne peut être que pour se reproduire de l'autre.

Qu'on censure, si l'on veut, l'usage que firent, en 1830, les chambres de l'omnipotence dont elles se trouvèrent investies, cela me semble permis. Ce qui n'a point obtenu la sanction du temps appartient légitimement au domaine de la discussion; mais contester le titre au nom duquel elles ont agi, c'est à-la-fois méconnaître des nécessités évidentes, se priver de tout point d'appui pour agir et nous condamner à une anarchie sans limites et sans terme.

On a pu remarquer, au reste, que cette résolution si tranchante de tout contester n'est adoptée que par les partis qui veulent absolument placer sur terre, les uns dans la main des rois, et les autres dans celle des peuples, le principe de la souveraineté.

Il serait d'abord assez naturel de présumer que, se trouvant précisément aux extrémités opposées de la chaîne des doctrines sociales, ces partis ne devraient du moins avoir de contact possible qu'au point de départ; mais il n'en est point ainsi, et le concours de leurs attaques contre toute espèce d'ordre, aux sommités duquel ils ne se voient pas, est, au contraire, une des grandes difficultés de notre position.

Que les républicains soient contre la monarchie, sous quelques formes d'ailleurs qu'elle apparaisse, dans un état habituel d'opposition, je le conçois : il est dans la nature de leurs doctrines de soulever incessamment les passions populaires, et de procéder par voie de dissolution; mais les partisans du principe monarchique ont-ils donc les mêmes intérêts, et peuvent-ils, en cas de nouveaux déchiremens, compter sur les mêmes chances? Pourquoi donc marcher dans les mêmes voies?

Serait-ce pour se rendre favorable cette haute intelligence, cette raison supérieure, à laquelle, ainsi que nous l'avons fait remarquer, doit en définitive appartenir la direction suprême des affaires?

Cet hommage rendu à la force des choses révélerait dans la manière de les apprécier un véritable progrès. Ce serait en effet reconnaître, ce qui est vrai, que dans l'état présent de notre civilisation, nous ne pouvons obtenir d'action sur la société, qu'en nous adressant à sa raison; mais pour agir sur celle-ci, il est une condition à laquelle il est d'abord indispensable de satisfaire.

C'est de paraître convaincu soi-même de ce dont on se propose de faire partager aux autres la conviction.

Or nous avons examiné les titres auxquels les chefs du parti dont nous parlons ici peuvent réclamer la confiance.

Ils commencent par répudier en arrivant au pouvoir les doctrines qui les y ont portés.

Ils prennent avec le pays l'engagement de le doter des institutions qui lui manquent, et sous le vain prétexte de se ménager le temps de les préparer, ils sollicitent des chambres la funeste loi de septennalité ; mais à peine l'ont-ils obtenue, qu'ils déclarent ouvertement *que la centralisation est le résultat forcé de notre situation*, et qu'ils continuent de sacrifier aux traditions despotiques de l'empire, qu'ils avaient si long-temps combattues, celles de la monarchie constitutionnelle, la seule qui soit possible en France.

Tombés enfin sous le poids de leurs fautes, pense-t-on qu'ils en acquièrent le sentiment ? nullement. Ils font au contraire au seul ministère de droite qui pût apaiser les ressentimens qu'ils ont soulevés une guerre implacable, appellent, pour le perdre, concession ce qui n'est que le développement naturel de notre loi fondamentale, et s'arrangent de manière à rendre impossible tout ministère qu'ils ne dirigeraient pas ; et comme, dans ce cas, le sort de la monarchie les touche fort peu, ils n'hésitent point à compromettre dans une cause qui leur est toute personnelle le monarque lui-même. Ils étudient pour les caresser toutes ses petites passions, tous ses préjugés d'enfance, alarment sa piété, l'assiègent de terreurs imaginaires, et finissent, au moyen de ces coupables manœuvres, par maîtriser sa faiblesse de manière à le décider, quand ils jugent qu'il ne leur reste plus d'autre ressource, aux mesures de violence qui doivent le perdre.

Du moins l'effet de la catastrophe qu'ils viennent d'amener sera-t-elle de les rendre plus réservés, et l'on doit croire qu'ils mettront à profit cette terrible leçon de l'infortune.

Ce serait étrangement s'abuser sur l'opiniâtreté de l'esprit de parti, que de s'en flatter.

Au contraire, au moment où, en résultat de l'ébranlement donné par les événemens de 1830, l'Europe est encore agitée jusque dans ses fondemens, et qu'en France il semble qu'il ne reste plus vestige de doctrines sociales, qu'on y attaque chaque jour toute espèce de pouvoir comme toute sorte de croyances, et que les choses en sont à ce degré de désordre que la propriété elle-même, ce premier besoin des peuples civilisés, y est, non pas seulement mise en doute, mais dénoncée aux classes ouvrières comme abusive et odieuse; ils ne se montrent occupés que du soin de ranimer de vieilles querelles, déclament, comme si rien ne se fût passé, contre les centres, continuent de maudire la défection, et restent fidèles à leur vieille tactique d'opposition, au point de réclamer, en présence d'une multitude impatiente de recommencer notre première révolution, le suffrage universel; eux, qui, il y a à peine un an, repoussaient encore les projets de lois communale et départementale qui leur étaient alors proposés, par cela seul qu'ils consacraient le principe d'élection.

Nous demandons comment un libéralisme à la fois si exagéré et si subit pourrait faire des prosélytes, et obtenir l'action sur cette haute intelligence qui doit décider de nos destinées.

Quant à nous, nous osons compter sur un effet tout différent, et nous ne doutons pas qu'éclairés par les malheurs de notre première révolution, les honnêtes gens ne comprennent parfaitement qu'il y a, quelle que puisse être la nuance de leurs opinions, nécessité pressante à se rallier contre l'ennemi commun, l'anarchie.

Que si quelques-unes des personnes dont nous mettions tant d'empressement à écouter la voix, croient devoir à des positions spéciales de ne pas prendre de part au combat, nous saurons apprécier la générosité de leurs motifs ; mais après avoir rendu à de si touchans témoignages d'un dévouement qui ne s'est jamais démenti, tout méconnu qu'il était, le tribut de la plus sincère admiration, nous n'en persévérerons pas moins dans nos premières résolutions.

Nous aurions en effet de la peine à comprendre comment, par cela seul qu'il a plu à un prince faible et mal conseillé de briser, en violant les lois, un sceptre qui ne lui avait été confié que pour en assurer le maintien, nous serions à jamais placés hors du droit commun des nations ; comment nous n'aurions ni tribunaux ni force publique dont nous pussions invoquer la protection, et comment notre territoire serait à la merci de l'étranger, comme nos fortunes et nos vies à celle de tous les spéculateurs politiques.

Au reste, ce qui conduit à de telles inductions, c'est qu'on suppose ou que l'ordre social n'est que le développement d'un principe unique, ou que les vérités politiques sont aussi absolues que les vérités morales elles-mêmes ; hypothèses qui mènent, la première, ainsi que nous l'avons dit, au despotisme dogmatique, et la deuxième à une irrémédiable anarchie.

Le fait est que, loin d'être un être purement métaphysique, l'ordre social ne se compose au contraire que de choses positives, qu'il a pour objet la conservation d'intérêts réels, et que c'est pour les protéger qu'il les place sous la sauve-garde d'un système d'institutions approprié à cette destination.

Que le tout ensuite se modifie, si l'on veut, selon les lieux, les temps et les conjonctures, nous le concevons. Encore, pour être équitables cependant, ces modifications ne doivent-elles s'opérer que dans une certaine mesure, et conformément à certaines lois. C'est qu'au-dessus de nos institutions existent, pour en régler les progrès et l'action, des principes qui ne prescrivent jamais; car, comme le dit Bossuet, il n'y a point de droit contre le droit.

Toutefois, de ce qu'un ou plusieurs de ces principes auraient été méconnus, tout absolus qu'ils sont, et qu'en cela l'ordre politique nous paraîtrait altéré dans un ou plusieurs de ses élémens, inférer cette conséquence, que nous devons le livrer sans défense à tous les entreprenans d'émeutes et à tous les fauteurs d'anarchie; voilà ce qui répugnera toujours au bon sens le plus ordinaire.

A mon sentiment, le vrai se trouve précisément dans les inductions contraires, et je suis convaincu que nos devoirs envers le pays doivent s'étendre à mesure que deviennent plus imminens les dangers qui le menacent.

Veut-on assujétir l'accomplissement de ces devoirs à certaines conditions, et exiger, par exemple, que nous n'exercions nos droits de cité qu'après avoir au préalable engagé notre foi? Nous ne poserons point en principe, comme M. Népomucène Lemercier, « qu'un serment n'est rien qu'une vaine formalité, s'il n'est pas « volontaire et si quelque autorité le rend obligatoire et « indispensable (1). » Dieu nous garde de recourir à de

____

(1) Réponse à la note du *Moniteur*, par un des millions des hommes de juillet. *Écho* du 10 mai 1831.

telles doctrines! mais nous nous éleverons hautement contre cette exigence; nous remontrerons que les droits de cité étant inhérens à la qualité même de citoyen, rien ne devrait en entraver l'exercice, et nous ferons remarquer qu'il n'existe pas de titre au nom duquel on puisse imposer de conditions à qui fait acte de souveraineté.

Regardant toutefois, nos protestations ainsi déclarées, l'engagement qu'on nous impose comme sérieux, nous nous ferons un devoir d'en rechercher et la nature et l'étendue.

C'est en nous livrant à cette recherche que nous reconnaîtrons :

D'abord, que ce ne peut être à l'homme, mais seulement au prince, que nous pouvons engager notre foi.

Ensuite que, comme il n'y a devoir d'obéir qu'autant qu'existe droit de commander, les limites de l'engagement sont précisément celles de l'autorité; et que si, conséquemment, venait à défaillir le titre sur lequel elle se fonde, nous nous trouverions à l'instant libres de toute obligation.

Que résulte-t-il de ces diverses propositions? c'est que nous ne pouvons réellement prendre d'engagement qu'avec les lois, et que, pour l'appréciation de celui qu'on nous demande, nous nous trouvons forcément ramenés à l'examen des nôtres.

Comment, dans un pays libre, la loi ne serait-elle pas toujours en effet le principe et la fin de toutes choses?

Maintenant, avant d'aller plus loin, nous allons faire observer, à l'appui de ce que nous avons déjà dit, que la nécessité même, dont on nous fait un devoir, prouve que le fondement de notre ordre social n'est point le dogme de la souveraineté du peuple; car un serment suppose toujours réciprocité d'obligations , avantages mutuels, en un mot, contrat implicite ou explicite ; or, Rousseau établit victorieusement que , dans ce système, l'institution du gouvernement n'est jamais un contrat que les parties contractantes feraient entre elles , sous la seule loi de nature et sans garant de leurs engagemens ; que celui qui a la force étant toujours le maître de l'exécution, « autant vaudrait donner, dit-il, le nom de con- « trat à l'acte d'un homme qui dirait à un autre : Je vous « donne tout mon bien , à condition que vous m'en ren- « drez ce qu'il vous plaira. » (*Contrat social* , liv. III, chap. XVI.)

Notre souveraineté nationale n'est donc point cette souveraineté du peuple que repoussent nos institutions, et que le *Globe* déclare être la négation de tout gouvernement digne de ce nom ; souveraineté populaire seulement dans ce sens qu'elle est , entre les mains des séditieux, un levier propre à soulever à leur gré une multitude furieuse, mais qui n'a , d'ailleurs, dans ses effets rien qui soit particulier aux nations qui la subissent, c'est-à-dire rien de national, puisque, en *décourageant*, par le déchaînement des passions , *les classes éclairées* , et qu'en rendant, par *des irruptions* sans fin *de barbares*, toute espèce de gouvernement impossible, elle procède partout avec une dégoûtante et hideuse uniformité.

La souveraineté dont on fait dériver nos lois est donc tout autre. Ce n'est plus celle des nombres, c'est-à-dire celle de l'ignorance et des passions, mais celle de l'intelligence, et conséquemment celle des lumières et de la raison. Cette souveraineté est essentiellement nationale, puisqu'il n'est aucun des actes par lesquels elle se manifeste qui ne porte l'empreinte du pays, dont elle est l'expression ; elle cherche la vérité de bonne foi, car les sociétés ne vivent que de vérité ; et si cependant quelque erreur lui échappe, elle s'en rapporte au temps, le premier des législateurs, du soin de la redresser.

Encore peut-elle espérer de n'en commettre jamais de bien grave, puisqu'elle est à-la-fois principe de justice, principe d'ordre et principe de liberté.

Principe de justice, par le fait seul de son origine : la raison humaine n'est-elle pas une émanation de la raison suprême ?

Principe d'ordre, car la raison, c'est l'ordre. Bergasse définit la loi essentielle Dieu produisant l'ordre dans l'univers.

Principe de liberté, par cela même que la raison individuelle tend nécessairement à se confondre dans la raison publique dont elle est à-la-fois élément et produit, et que, si les rapports qui les unissent éprouvaient la moindre entrave, on pourrait douter que la manifestation de la raison publique fût sincère.

La publicité, sans laquelle ces rapports ne seraient évidemment qu'incomplets, devient dès lors une condition de rigueur, et, en effet, la raison publique pourrait-elle être conçue en dehors du mouvement des esprits, de la communication des intelligences et de la circulation des idées ?

Aussi n'admettons-nous de poursuites légitimes contre la presse que dans le cas de diffamation, de provocation directe à la révolte, ou d'outrage à la morale publique.

Si nous voulons maintenant en revenir à la question du serment, nous reconnaîtrons que nous l'avons réduite aux termes suivans :

Pouvons-nous, et conséquemment devons-nous engager notre foi à un ordre de choses qui consacre comme droit ce qui doit exister partout comme fait, la souveraineté des lumières et de la raison?

Comment pourraient hésiter les amis de l'ordre?

Ne partagent-ils pas avec nous la conviction qu'il n'y a de moyens d'agir sur la société que par l'opinion?

Or, douter qu'un principe qui garantit aux intelligences la plénitude de liberté dont elles doivent jouir, ne nous assure la victoire, ne serait-ce pas douter de la vérité même de nos doctrines?

Mais ce doute est un blasphème dont nos adversaires eux-mêmes ne sont pas coupables. Nous en avons pour garants leur agitation, leurs violences et leurs cris.

Ils savent que l'ordre naît de l'intelligence et de la liberté.

Ils comprennent fort bien que toutes les conditions sur lesquelles il repose se tiennent; aussi les voyons-nous, à chaque progrès qu'il fait, de plus en plus tourmentés par les frayeurs que leur causent l'avenir et le sentiment de leur impuissance.

Ils se reportent avec fureur sur le passé; mais ce passé qu'ils invoquent est à jamais et irrévocablement jugé; et le temps ne reviendra plus où l'on pouvait proposer à l'admiration le mépris et la violation de toutes les lois divines et humaines.

Quelque repoussant que puisse être le spectacle que nous donnent ces amans si passionnés de liberté, qui n'ont de vœux à former que pour la tyrannie; ces prôneurs si ardens d'égalité; qui hier encore étalaient avec un ridicule orgueil des titres qui pourtant ne pouvaient que les avilir dans leurs antécédens; encore devons-nous le considérer pour en faire sortir la preuve des mauvais desseins dont est menacé le pays, et conséquemment aussi celle de la nécessité qu'il y a pour les bons citoyens de se réunir et de s'entendre.

Que si quelques amateurs d'ordonnances veulent, en ne prenant part à rien, se frapper eux-mêmes d'interdiction, abandonnons-les à leur déplorable aveuglement.

Comment pourraient-ils comprendre que, les doctrines sur lesquelles repose l'existence des partis n'ayant comme toutes les croyances de vie que par la foi, ceux-là se reconnaissent comme morts, qui se placent en dehors du mouvement des intelligences?

Ils en sont encore à douter que les violences dussent perdre la légitimité, et notre première révolution toute entière n'a point suffi pour leur apprendre que de l'anarchie ne proviennent jamais que des gouvernemens irréguliers et tyranniques.

Pour nous qui détestons les coups-d'état, qui regardons les révolutions comme d'épouvantables calamités, qui ne connaissons ni partis, ni associations, ni coteries, nous ne voyons que le pays, et nous ne prenons d'engagemens qu'avec lui.

Que s'il nous appelle dans nos collèges électoraux, nous nous y rendrons avec empressement.

Comme nous ne devons à personne le sacrifice de notre conviction, nous chercherons, ce qui est tout simple, à y faire prévaloir nos opinions.

Mais si cela ne nous est point possible, au lieu de laisser paraître une humeur hors de saison, nous nous rappellerons que, dans les circonstances critiques, les divergences de sentiment finissent toujours par se résoudre en deux grandes divisions, les amis de l'ordre et les fauteurs d'anarchie.

Nos suffrages seront donc, dans la ligne la plus rap-

prochée que faire se pourra de nos opinions, assurés à
un ami de l'ordre.

Je ne sais si je me fais illusion, mais il me semble
qu'il y a tout à espérer d'une conduite à la fois si naturelle, si franche et si modérée.

Nous accusera-t-on encore de défection? mais ce ne
sera peut-être pas sans quelque apparence de raison.

En effet, quoique nous ayons peu d'estime pour les
partis, qui en général ne reçoivent guère d'organisation que dans l'intention d'exploiter la crédulité des
simples au profit des habiles, nous ne nous sommes
jamais regardés comme obligés de désavouer cette portion d'idées vraies qui fait le fond de leurs doctrines,
et nous nous sommes même surpris applaudissant de bon
cœur aux sentimens généreux qui parfois les animent.

Mais dès qu'ils se livrent à ces folles exagérations qui
leur sont si familières, nous nous éloignons. Il est vrai
qu'en cela nous ne faisons que suivre l'exemple que nous
donne le pays, et dans de telles circonstances nous ne
manquons jamais comme lui d'être de toutes les défec-
tions.

FIN.